数控机床加工工艺分析与设计

黄添彪／著

ShuKong JiChuang JiaGong GongYi
FenXi Yu SheJi

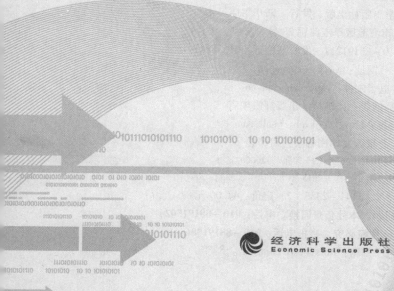

经济科学出版社
Economic Science Press

图书在版编目（CIP）数据

数控机床加工工艺分析与设计/黄添彪著．—北京：经济
科学出版社，2015.7
ISBN 978 - 7 - 5141 - 2385 - 2

Ⅰ．①数…　Ⅱ．①黄…　Ⅲ．①数控机床 - 加工 - 高等
学校 - 教材②数控机床 - 程序设计 - 高等学校 - 教材
Ⅳ．①TG659

中国版本图书馆 CIP 数据核字（2015）第 142659 号

责任编辑：段　钢
责任校对：徐领柱
责任印制：邱　天

数控机床加工工艺分析与设计

黄添彪　著

经济科学出版社出版、发行　新华书店经销
社址：北京市海淀区阜成路甲 28 号　邮编：100142
总编部电话：010 - 88191217　发行部电话：010 - 88191522
网址：www. esp. com. cn
电子邮件：esp@ esp. com. cn
天猫网店：经济科学出版社旗舰店
网址：http://jjkxcbs. tmall. com
北京万友印刷有限公司印装
787×1092　16 开　16 印张　420000 字
2015 年 7 月第 1 版　2015 年 7 月第 1 次印刷
ISBN 978 - 7 - 5141 - 2385 - 2　定价：48.00 元
（图书出现印装问题，本社负责调换。电话：010 - 88191502）
（版权所有　侵权必究　举报电话：010 - 88191586
电子邮箱：dbts@ esp. com. cn）

前　言

随着数控技术的不断发展和应用领域的扩大，它对国计民生的一些重要行业的发展起着越来越重要的作用，因为这些行业所需装备的数字化已是现代发展的大趋势。充分发挥数控机床的高自动化、高精度、高效率，本身优势外，主要体现在数控加工工艺编制人员与机床操作人员对数控控制系统的熟悉了解，对控制系统编程代码的熟悉，还需较扎实的专业基础知识，如作图识图知识，刀具切削参数知识，机械加工工艺知识，夹具使用知识等。

著者 1995 年走上数控应用岗位就开始接触数控机床加工程序与工艺：从多功能 AMADA 数控冲床的数控系统程序及工艺到发那科系统的数车数铣程序及工艺和西门子数车数铣程序及工艺。从了解数控程序代码到熟悉数控工艺到弄清数车数铣同系统数控代码的异同到不同系统数车数铣系统数控代码的异同。根据它们各自的特殊性编制高质量的加工程序，并尽力根据不同特点编制各自的宏程序。在日常工作中遇到的成百上千种零件编制了的数车、数铣与加工中心加工时的控制程序与数控工艺。遇到一个就编一个，工作任务多时，兴趣使然，有时能编到凌晨一两点，乐此不疲；简单的程序，直接用于加工。完成加工也就意味着这个程序通过了验证。稍复杂的编完后进行仿真测试与仿真模型检测。随着用于生产的数控程序的积累，著者就把自己采用不同代码与坐标系编制的程序与工艺进行了分析总结与归纳得出了一些反常规的"窍门"与方法，使编制程序更方便更容易，识别程序内容更简单，闯出了不同于大多数书本介绍编程象限相反的数控程序。

近几年，数控应用和数控职业教育领域蓬勃发展，社会上掀起了学习数控程序与工艺的热潮。必须明确，学习数控程序与数控工艺的目的是为了应用：用自己编制的数控程序与数控工艺或别人包括制造厂家开发的部分宏程序模块加工或做别的工作。而自己编制数控程序及工艺的前提条件是懂程序代码与变量和数控工艺的基础知识以及宏程序开发的技巧。掌握数控程序分三个阶段。第一阶段是会编制并使用简单的数控代码根据加工工艺要求编简单的数控程序和现成宏程序模块的使用；第二个阶段是会编制并使用中等复杂的数控代码程序和现成中等复杂的循环指令与宏程序模块；第三阶段是会编制并使用比较复杂的数控代码程序与循环指令与宏程序。本著对加工工艺中的宏程序运用有一定篇幅介绍，主要介绍数控铣、数控加工中心与数控车代码使用与其加工工艺编制。

作为编写和使用数控程序与工艺已有 20 多年经验的数控应用工作者，著者一直想把自己对数控程序与工艺的认识、体会和开发应用心得与同行交流。本著从构思到对以往心得的整理完稿，耗时三年有余，同时借鉴引用同行的部分心血作为本著的补充，借此表示衷心的感谢。在本著编写过程中，著者原想把西门子、发那克和 AMADA 数控系统的数控程序比较编写，但后改为只写发那科系统与西门子系统的数控程序，并且以发那科系统为主。

著者希望本书对于掌握数控工艺的同行都有帮助。个人能力总是有限，由于时间仓促，书中难免会有错误和疏漏之处，请广大读者指正。

作　者
2015 年 7 月

目 录

第 1 章

绪　　论

1.1　概述

现代数控加工技术是指高效、优质地实现零件，特别是复杂形状零件加工的有关理论、方法与实现技术，是自动化、柔性化、敏捷化和数字化制造的基础与关键技术。数控加工过程包括按给定的零件加工要求（零件图纸、CAD 数据或实物模型）进行加工的全过程。一般来说，数控加工技术涉及数控机床加工工艺和数控编程技术两方面；本著主要讨论数控铣，加工中心，数控车床上的加工工艺设计与工艺分析。

数控机床是采用数字形式信息控制的灵活、高效的自动化机床，数控加工就是根据被加工零件和工艺要求编制成以数码表示的程序，输入数控机床的数控装置或控制计算机中，以控制工件和刀具的相对运动，使之加工出合格零件的方法。在使用数控机床加工时，必须编制零件的加工程序，理想的加工程序不仅应保证加工出符合设计要求的零件，同时还应使数控机床功能得到合理的应用和充分的发挥，且能安全可靠和高效的工作。数控加工中的工艺问题的处理与普通机械加工基本相同，但又有其特点，因此在设计零件的数控加工工艺时，既要遵循普通加工工艺的基本原则的方法，又要考虑数控加工本身的特点和零件编程要求。

数控编程技术是数控加工工艺技术应用中的关键技术之一，也是目前 CAD/CAPP/CAM 系统中最能明显发挥效益的环节之一。数控编程技术在实现设计加工自动化、提高加工精度和加工质量、缩短产品研制周期等方面发挥着重要作用，在机械制造工业、汽车工业等领域有着广泛的应用。

1.2　数控加工的基础知识

1.2.1　数控编程技术的基本概念

数控编程是从零件图纸到获得数控加工程序的全过程。数控编程的主要内容包括；分析加工要求并进行工艺设计，以确定加工方案，选择合适的数控机床、刀具、夹具，确定合理的走刀路线及切削用量等；建立工作的几何模型，计算加工过程中刀具相对工作的运动轨迹或机床运动轨迹；按照数控系统可接受的程序格式，生成零件加工程序，然后对其进行验证和修改，直到合格的加工程序。根据零件加工表面的复杂程度、数值计算的难易程度、数控机床的数量及现有编程条件等因素，数控加工程序可通过手工编程或计算机辅助编程来获得。

因此，数控机床加工工艺分析与设计中编程包含数控加工与编程、机械加工工艺、CAD/CAM 软件应用等多方面的知识，其主要任务是计算加工走刀中的刀位点（Cutter Location Point，CL 点），多轴加工中还要给出刀轴矢量。数控车、数控铣或者数控加工中心的加工编程是目前应用最广泛的数控编程技术，在本书中若无特别说明，数控编程一般是指数控车、数控铣或数控加工中心编程。

1.2.2 数控工艺中编程方法

数控工艺中编程通常分为手工编程和计算机辅助编程两类，而计算机辅助编程又分为数控语言自动编程、交互图形编程和 CAD/CAM 集成系统编程等多种。目前数控编程正向集成化、智能化和可视化方向发展。

1.2.2.1 手工编程

手工编程就是从工艺分析、数值计算直到数控程序的试切和修改等过程全部或主要由人工完成。这就要求编程人员不仅要熟悉数控代码及编程规则，而且还必须具备机械加工工艺知识和数值计算能力。对于点位加工或几何形状不太复杂的零件，数控编程计算较简单、程序段不多，手工编程是可行的特别是使用数控宏程序。但对形状复杂的零件，特别是具有曲线、曲面（如叶片、复杂模具型腔）或几何形状并不复杂但程序量大的零件（如复杂孔系的箱体），以及数控机床拥有量较大而且产品不断更新的企业，手工编程就很难胜任。据生产实践统计，手工编程时间与数控机床加工时间之比一般为 30∶1，可见手工编程效率低、出错率高，因而必然要被其他先进编程方法所替代。但机械制造行业（除模具制造外）大多数还采用手工编程，手工编程是夯实初学者工艺编制能力与熟悉数控代码指令功能的有效途径。本书中主要介绍数控机床加工手工编程及分析与设计。

手工编程的一般步骤如图 1-1 所示。

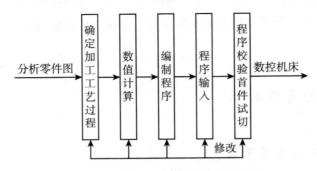

图 1-1 数控工艺编程步骤流程图

（1）确定加工工艺过程。在确定加工工艺过程时，编程人员要根据被加工零件图样对工件的形状、尺寸、技术要求进行分析，选择加工方案，确定加工顺序、加工路线、装夹方式、刀具及切削参数等，同时还要考虑所用数控机床的指令功能，充分发挥机床的效能，尽量缩短走刀路线，减少编程工作量。

（2）数值计算。根据零件图的几何尺寸确定工艺路线及设定工件坐标系，计算零件粗、精加工运动的轨迹，得到刀位数据（刀位点包括基点和节点）。

① 基点的计算。刀位数据中的基点计算可通过手工计算和绘图软件的特性菜单栏查询得到。一般精度高、速度快，在实际的编程中得到广泛的使用。

【例】使用 AutoCAD 计算图 1-2 中 A、B、C、D 基点的坐标。图 1-2 中的 A、B、C、D 是该零件轮廓上的基点。基点坐标的确定如下：

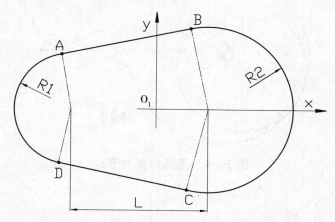

图 1-2 利用 CAD 或 CAXA 软件求基点

a. 在 AutoCAD 或 CAXA 软件中完成图形的绘制。

b. 使用 UCS 工具栏建立工件坐标系，在 AutoCAD 或 CAXA 软件中建立的用户坐标系的原点与工作坐标系的原点重合，如图 1-3 所示。

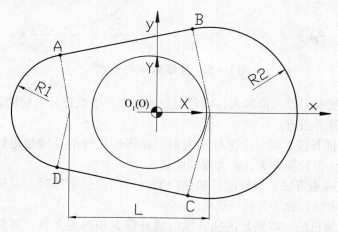

图 1-3 建立用户坐标系

② 节点坐标计算。在只有直线和圆弧插补功能的数控机床上加工零件时，有一些平面轮廓是非圆方程曲线，如渐开线、阿基米德螺线、双曲线、抛物线等。还有一些平面轮廓是用一系列实验或经验数据点表示的，没有表达轮廓形状的曲线方程（称为列表曲线）。这就使被加

工的零件轮廓形状与机床的插补功能出现不一致。对于这类零件的加工，就只能采用逼近法。

当采用不具备非圆曲线插补功能的数控机床加工非圆曲线轮廓的零件时，在加工程序的编制时，常常需要用多个直线段或圆弧段去近似代替非圆曲线，这个过程称为拟合（逼近）处理。拟合线段的交点或切点称为节点。图1-4中的F点为圆弧拟合非圆曲线的节点，图1-5中的A、B、C、D、E点均为直线逼近非圆曲线时的节点。

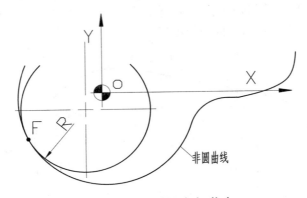

图1-4　圆弧拟合与节点

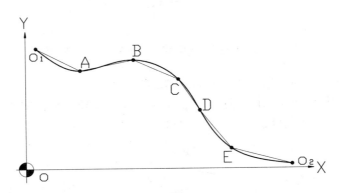

图1-5　直线拟合与节点

节点计算的难度和工作量都较大，编程主要通过宏程序或计算机辅助编程来实现。

通用的逼近计算方法有：

a. 等间距直线插补法。在一个坐标轴方向，将逼近轮廓的总增量进行等分后，按其设定节点所进行的坐标值计算方法，称为等间距法。

b. 等插补段直线逼近法。当设定其相邻两节点间的弦长相等时，对轮廓曲线所进行的节点坐标值的计算方法，称为等插补段法。

c. 等误差直线逼近法。以满足各插补段的插补误差相等为条件，对轮廓曲线所进行的拟合方法，称为误差法。该法是使每个直线段的逼近误差相等，并小于或等于所允许的误差限，所以比上面两种方法合理些，大型、复杂零件轮廓采用这种方法较合理。

d. 圆弧逼近法。如果数控机床有圆弧插补功能，则可以用圆弧段去逼近工作的轮廓曲线，这就是圆弧逼近法。此时，需求出每段圆弧的圆心、起点、终点的坐标值及圆弧的半径等。当然，计算的依据仍然是要使每个圆弧段与工作轮廓曲线间的误差小于或等于允许的逼近误差。

③ 辅助计算。

a. 无刀具半径补偿功能的数值计算。在铣削加工中，是用刀具中心作为刀位点进行编程。但在平面轮廓加工中，零件的轮廓形状总是由刀具切削刃部分直接参与切削形成的，因此有时编程轨迹和零件轮廓并不完全重合。对于具有刀具半径补偿功能的机床，只要在程序中加入有关的刀具补偿指令，就会在加工中进行自动偏置补偿。但对于没有刀具半径补偿功能的机床，只能在编程时作有关的补偿计算。

b. 按进给路线进行一些辅助计算。在平面轮廓加工中，常要求切向切入和切向切出。例如，在铣削如图1-6b）所示内圆弧时，最好安排从圆弧过渡到加工路线，以便提高内孔表面加工半径精度，这时，过渡圆弧的坐标值也要进行计算。要求高的平面也要求如此，如图1-6a）。

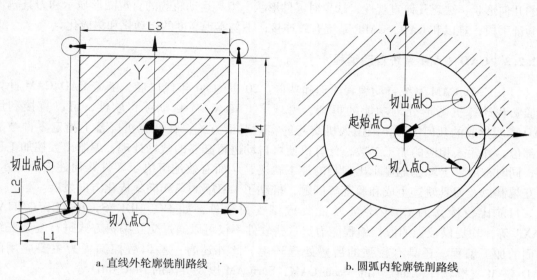

a. 直线外轮廓铣削路线　　　　　　　　　b. 圆弧内轮廓铣削路线

图1-6　铣削路线

（3）编制零件加工程序。加工路线、工艺参数及刀位数据确定以后，编程人员根据数控系统规定的功能指令代码及程序段格式，逐段编写加工程序。

（4）输入加工程序。把编制好的加工程序通过控制面板输入数控系统，或通过程序的传输（或阅读）装置送入数控系统。

（5）程序校验与首件试切。输入数控系统加工程序必须经过校验和试切才能正式使用。校验的方法是直接让数控机床空运转，以检查机床的运动轨迹是否正确，在有 CRT 图形显示的数控机床上，用模拟刀具与工具切削过程的方法进行检验更为方便，但这些方法只能检验是否正确，不能检验被加工零件的精度，因此要进行零件的首件试切。当发现有加工误差时，分析误差产生的原因，找出问题所在，加以修正。最后利用检验无误的数控程序进行加工。

1.2.2.2　数控语言自动编程

自动编程是用计算机把人工输入的零件图纸信息改写成数控机床能执行的数控加工程序，即数控编程的大部分工作由计算机来完成。目前常使用自动编程语言系统来实现。

数控语言自动编程方法几乎是与数控机床同步发展起来的。20 世纪 50 年代初期，MIT

开始研究专门用于机械零件数控加工程序编制的 APT 语言。其后经过多年的发展，APT 形成了诸如 APTⅡ，APTⅢ，APTⅣ，APT – AC 和 APT – SS 多种版本。除了 APT 数控编程语言之外，其他各国也纷纷研制了相应的自动编程系统，如德国 EXAPT、法国 IFAPT、日本 FAPT 等。我国也在 20 世纪 70 年代研制了如 SKC，ZCX 等铣削，车削数控自动编程系统。20 世纪 80 年代相继出现了 NCG，APTX，APTXGI 等高水平软件。近几年来又出现了各种小而专的编程系统和多坐标编程系统。

采用 APT 语言编制数控系统，具有程序简练、走刀控制灵活等优点，使数据加工编程从面向机床指令的"汇编语言"级上升到面向几何元素。但 AOT 仍有许多不便之处：采用 APT 语言定义被加工零件轮廓，是通过几何定义语句一条条进行描述，编程量非常大；难以描述复杂的几何形状，缺乏几何直观性，缺少对零件形状，刀具运动轨迹的直观图形显示和刀具轨迹的验证手段；难以和 CAD，CAPP 系统有效连接；不易实现高度的自动化和集成化。

1. 2. 2. 3　CAD/CAM 系统自动编程

（1）CAD/CAM 系统自动编程原理和功能。20 世纪 80 年代以后，随着 CAD/CAM 计算的成熟和计算机图形处理功能的提高，出现了 CAD/CAM 自动编程软件，可以直接利用 CAD 模块生成的几何图形，采用人机交互的实时对话方式，在计算机屏幕上指定零件被加工部位，并输入相应的加工参数，计算机便可自动进行必要的数据处理，编制出数控加工程序，同时在屏幕上动态地显示出刀具的加工轨迹，从而有效地解决了零件几何建模及显示、交互编制以及刀具轨迹生成和验证等问题，推动了 CAD 和 CAM 向集成化方向发展。

目前比较优秀的 CAD/CAM 功能集成型支撑软件，如 UG，IDEAS，Pro/E，CATIA，CAXA 等，均提供较强的数控编程能力。这些软件不仅可以通过交互编辑方式进行复杂三维型面的加工编程，还具有较强的后置处理环境。此外还有一些以数控编程为主要应用的 CAD/CAM 支撑软件，如美国的 MasterCAM，SurfCAM 以及英国的 DelCAMD 等。

CAD/CAM 软件系统中的 CAM 部分有不同的功能模块可供选用，如二维平面加工、3～5 轴联动的曲面加工、车削加工、电火花加工（EDM）、钣金加工及线切割加工等。用户可根据实际应用需要选用相应的功能模块。这类软件一般均具有刀具工艺参数设定、刀具轨迹自动生成与编辑、刀位验证、后置处理、动态仿真等基本功能。

（2）CAD/CAM 系统编程的基本步骤。不同 CAD/CAM 系统的功能，用户界面有所不同，编程操作也不尽相同。但从总体上讲，其编程的基本原理及基本步骤大体一致的，如图 1－7 所示。

① 几何类型。利用 CAD/CAM 系统的几何建模功能，将零件被加工部位的几何图形准确地绘制在计算机屏幕上，同时在计算机内自动形成零件图形的数据文件。也可借助与三坐标测量仪 CAM 或激光扫描仪等工具测量被加工零件的形体表面，通过反求工程将测量的数据处理后送到 CAD 系统进行建模。

② 加工工艺分析。这是数据编程的基础，通过分析零件的加工部位、确定装夹位置、工件坐标系、刀具类型及其几何参数、加工路线及切削工艺参数等。目前该项工作主要仍由编程员采用人机交互方式输入。

③ 刀具轨迹生成。刀具轨迹的生成是基于屏幕图形以人机交互的方式进行的。用户根据屏幕提示通过关标选择相应的图形目标，确定代加工的对刀点，选择切入方式和走刀方

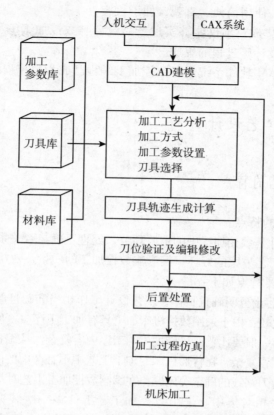

图1-7 CAD/CAM系统数控编程原理流程图

式。然后软件系统将自动地从图形文件中提取所需要的几何信息，进行分析判断，计算节点数据，自动生成走刀路线，并将其转换为刀具位置数据，存入指定的刀位文件。

④ 刀位验证及刀具轨迹的编辑。对所生成的刀位文件进行加工过程仿真，检查验证走刀路线是否正确合理，是否有碰撞干涉或过切现象，根据需要可对已生成的刀具轨迹进行编辑修改、优化处理，以得到用户满意的、正确的走刀轨迹。

⑤ 后置处理。后置处理的目的是形成具体机床的数控加工文件。由于各机床所使用的数控系统不同，其数控代码及其格式也不尽相同。为此必须通过后置处理，将刀位文件转换成具体数控机床所需的数控加工程序。

⑥ 数控程序的输出。由于自动编程软件在编程过程中可在计算机内部自动生成刀位轨迹文件盒数控指令文件，因此生成的数控加工程序可以通过计算机的各种外部设备输出。若数控机床附有标准的 DNC 接口，可由计算机将加工程序直接输送给机床控制系统。

（3）CAD/CAM 软件系统的编程特点。CAD/CAM 系统自动数控编程是一种先进的编程方法，与 APT 语言编程比较，具有以下特点：

① 将被加工零件的几何建模、刀位计算、图形显示和后置处理等过程集成在一起，有效地解决了编程的数据来源、图形显示、走刀模拟和交互编辑等问题，编程速度快、精度高填补了数控语言编程的不足。

② 编程过程是在计算机上直接面向零件几何图形交互进行，不需要用户编制零件加工

7

源程序，用户界面友好，使用简便、直观，便于检查。

③ 有利于实现系统集成，不仅能够实现产品设计与数控加工编程的集成，还便于工艺过程的设计、刀夹量具设计等过程的集成。

现在，利用 CAD/CAM 软件系统进行数控加工编程已成为数控程序编制的主要手段。

1.3 数控加工的工艺设计

1.3.1 数控加工工艺的特点

（1）数控加工工艺的特点。

数控加工的工艺设计是数控加工中的重要环节，处理正确与否关系到所编制零件加工程序的正确性与合理性，其工艺方案的好坏直接影响数控加工的质量、效益以及程序编制的效率。

数控加工工艺的主要特点如下：

① 数控加工工艺内容十分明确且具体，工艺设计工作相当准确且严密。数控机床加工工艺与普通机床加工工艺相比较，由于采用数控机床加工具有加工工序少、所需专用工装数量少等特点，数控加工的工序内容一般要比普通机床加工的工序内容复杂。从编程来看，加工程序的编制要比普通机床编制工艺规程复杂。在普通机床的加工工艺中不必考虑的问题，如工序内工步的安排、对刀点、换刀点及走刀路线的确定等问题，在编制数控加工工艺时都需认真考虑。

② 数控加工的工序相对集中。采用数控加工，工件在一次装夹下能完成钻、铰、镗、攻螺纹等多种加工，因此数控加工工艺具有复合性，也可以说，数控加工工艺的工序把传统机加工工艺中工序"集成"了，这使零件加工所需的专用夹具数量大为减少，零件装夹次数及周转时间也大大减少，从而使零件的加工精度和生产效率有了较大提高。

（2）数控加工工序的划分。数控加工中的工艺处理主要包括：数控加工的合理性分析、零件的工艺性分析、零件工艺过程的制定、零件加工工艺路线的确定、零件安装和夹紧方法的确定、选择刀具和切削用量及对刀点和换刀点的确定等。

数控加工工序的划分有以下几种方式：

① 按粗、精加工划分工序，先粗后精。在进行数控加工时，可根据零件的加工精度、刚度和变形等因素，遵循粗、精加工分开的原则来划分工序，即先粗加工，全部完成之后，再进行半精加工、精加工。

② 按所用刀具划分工序。为减少换刀次数、节省换刀时间，应将需用同一把刀加工的加工部位全部完成后再换另一把刀来加工其他部位。同时应尽量减少空行程，当用同一把刀加工工件的多个部位时，应以最短的路线到达各加工部位。

③ 按定位方式来划分工序，工序可以最大限度地集中。一次装夹应尽可能完成所有能够加工的表面加工，以减少工件装夹次数、减少不必要的定位误差。例如，对同轴度要求很高的孔系，应在一次定位后，通过换刀完成该同轴孔系的全部加工，然后再加工其他坐标位置的孔，以消除重复定位误差的影响，提高孔系的同轴度。

④ 按加工部位划分工序。若零件加工内容较多，构成零件轮廓的表面结构差异较大，可按其结构特点将加工部位分为几个部分，如内形、外形、曲面或平面等，分别进行加工。

（3）工步的划分。

数控加工工步的划分主要从加工精度和效率两方面考虑。

①"先粗后精"。对于同一加工表面，应按粗→半精→精加工顺序依次完成，或全部加工表面按先粗后精分开进行，以减少热变形和切削力变形对工件的形状、位置精度、尺寸精度和表面粗糙度的影响。若加工尺寸精度要求较高时，可采用前者；若加工表面位置精度要求较高时，可采用后者。

②"先面后孔"。对既有表面又有孔需加工的箱体类零件，为保证孔的加工精度，应先加工表面后加工孔。

③"先内后外"。对既有内表面又有外表面需加工的零件，通常应安排先加工内表面（内腔）后加工外表面（外轮廓），即先进行内外表面粗加工后进行内外表面精加工。

1.3.2 粗、精加工的工艺选择

按加工阶段划分，数控加工也分为粗加工、半精加工和精加工。不同加工阶段的所用刀具、加工路径、切削用量以及进刀方式也不尽相同。

（1）刀具的选用。

刀具选择的总原则是：安装调整方便、刚性好、耐用度和精度高。在保证安全和满足加工要求的前提下，尽量选着较短的刀柄，以提高刀具加工的刚性。

在数控铣削加工中，最常用的刀具类型有球头铣刀、圆角铣刀和平顶铣刀，如图1-8所示。图中 O 点为数控编程中表示刀具编程位置的坐标点，即刀位点。球头铣刀具有曲面加工量少、表面质量好等特点，在复杂曲面加工中应用普遍，但其切削能力较差，越接近球头底部，切削条件越差；平底铣刀是平面加工中最常用的刀具之一，具有成本低、端刃强度高等特点；圆角铣刀具有前两者共同的特点，被广泛应用于粗、精铣削加工中。

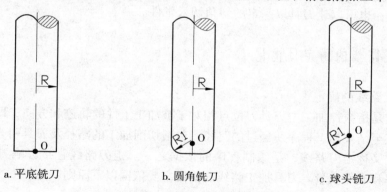

a. 平底铣刀   b. 圆角铣刀   c. 球头铣刀

图1-8 常用铣削刀具类型

粗加工的任务是从被加工工件毛坯上切除绝大部分多余材料，通常所选择的铣削用量较大，刀具所承担负荷较重，要求刀具的刀体和铣削刃均具有较好的强度和刚度。因而粗加工一般选用平底铣刀，刀具的直径尽可能选大，以便加大铣削用量，提高粗加工生产效率。

精加工的主要任务是最终获得所需的加工表面，并达到规定的精度要求。通常精加工选择的切削用量较小，刀具所承受的负荷轻，其刀具类型主要根据被加工表面的形状要求而定。在满足要求的情况下，优先选用平底铣刀。另外刀具的耐用度和精度与刀具价格关系极大，必须引起注意的是，在大多数的情况下选择好的刀具，虽然增加了成本，但由此带来的加工质量和加工效率的提高，则可以使整个加工成本大大降低。

在经济型数控加工中，由于刀具的刃磨、测量和更换多为人工手动进行，占用辅助时间较长，因此必须合理安排刀具的顺序。一般应遵循以下原则：尽量减少刀具的数量；一把刀具装夹后应完成其所能进行的所有加工部位；粗、精加工的刀具应分开使用，即使是相同尺寸规格的刀具；先铣后钻；先进行曲面精加工，后进行二维轮廓精加工；在可能的情况下，应尽量利用数控机床的自动换刀功能，以提高生产效率。

（2）加工路径的选择。

在粗加工铣削平面时，刀具的加工路径一般选择单项切削，即刀具始终保持一个方向切削加工，当刀具完成一行加工后提拉至安全平面，然后快速运动到下一行起始点后落刀再进行下一行的加工。因为粗加工的铣削量较大，铣削状态与用户选择的顺铣与逆铣方式有较大的关系，单项铣削可保证铣削过程稳定。为了缩短刀具在每行铣削后向上提拉的空行程，可根据加工的部位适当改变安全平面的高度。

精加工铣削力较小，对顺铣、逆铣方法不敏感，因而精加工的加工路径一般可以采用双向切削，这样可以大大减少空行程，提高切削效率。

（3）加工进刀方式的选择。

粗、精加工对进刀方式选择的出发点是不相同的。粗加工选择进刀方式主要考虑的是刀具切削刃的强度；而精加工考虑的是被加工工件的表面质量，不至于在被加工表面内留下进刀痕。

对于粗加工，由于除键槽铣刀端部铣削刃过刀具中心外，其余刀具端面刀刃铣削能力较差，尤其刀具中心没有铣削刃，根本就没有铣削能力，因此必须重视粗加工时进刀方式的选择，以免损伤工件和机床。对于外轮廓的粗加工刀具的起始点，应放在工件毛坯的外部，逐渐向毛坯里面进行进刀；对于型腔的加工，可事先预钻工艺孔，以便刀具落在合适的高度后进行进给加工；也可以让刀具以一定的斜角切入工件。

1.3.3 加工路线的确定及优化

（1）加工路线的确定。

加工路线是指数控加工中刀具刀位点相对于被加工工件的轨迹和方向，即刀具从对刀点开始运动起直至结束加工程序所经过的路径，包括切削加工的路径及刀具引入、返回等非铣削空行，因此又称走刀路线，是编制程序的依据之一。走刀路线直接影响刀位点的计算速度、加工效率和表面质量。刀具加工路线的确定主要依据以下原则：

① 保证被加工零件获得良好的加工精度量。

② 尽量使走刀路线最短，以减少空程时间，提高加工效率。

③ 使数值计算方便，减少刀位计算工作量，减少程序段，提高编程效率。

在如图1－9所示型腔加工3种不同的路线中：图1－9a）为行切法，加工路线最短，其刀位计算简单，程序量少，但每一条刀轨的起点和终点会在型腔内壁上留下一定的残留高度，表面粗糙度差；图1－9b）为环切法，加工路线最长，刀位计算复杂，程序最多，但内腔表面加工光整，表面粗糙度最好；图1－9c）的加工路线介于两者之间，可综合行切法和环切法两者的优点且表面粗糙度较好，获得较好的编程和加工效果。因此，对于图 1 – 9 b）、图 1 – 9c）两种路线，通常选择图 1 – 9c）。而图 1 – 9a）由于加工路线最短，适用于对表面粗糙度要求不太高的粗加工或半精加工。此外，当采用行切法时，需要用户给定特定的角度以确定走刀的方向，一般来讲，走刀角度平行于最长的刀具路径方向比较合理。

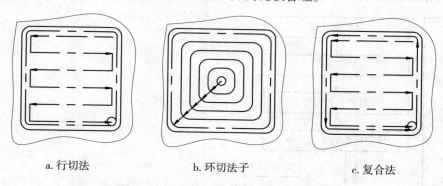

a. 行切法 b. 环切法子 c. 复合法

图 1 – 9 型腔加工的三种走刀路线

因而在数控编程时，应根据被加工面的形状，加工精度要求，合理地选择走刀方向，加工路线，以保证加工精度和加工效率。

（2）加工路线优化。

如果一个工件上有许多待加工的对象，如何安排各个对象的加工次序以便获得最短的刀具运动路线，这便是加工路线的优化问题，例如，孔系的加工可通过优化确定各孔加工的先后顺序，以保证刀具运动路线最短。

（3）铣削用量的选择。

铣削用量包括铣削深度和宽度、主轴转速与进给速度。一般情况下，数控加工铣削用量的选择原则与普通机床的相同：在粗加工时，一般以提高生产效率为主；在半精加工和精加工时，应在保证加工质量的前提下，兼顾铣削效率和生产成本。铣削用量的选择必须注意：保证零件加工精度和表面粗糙度；充分发挥刀具的铣削性能，保证合理的刀具耐用度；充分发挥机床的性能；最大限度地提高生产效率，降低成本。

铣削参数具体数值应根据数控机床使用说明书、铣削原理中规定的方法并结合实践经验加以确定。铣削深度由机床、刀具和工件的刚度确定。粗加工时应在保证加工质量、刀具耐用度和机床、夹具、刀具、工件工艺系统的刚性所允许的条件下，充分发挥机床的性能和刀具铣削性能，尽量采用较大的铣削深度、较少的铣削次数，得到精加工前的各部分余量尽可能均匀的加工状况，即粗加工时可快速切除大部分加工余量，尽可能减少走刀次数，缩短粗加工的时间；加工时主要保证零件加工的精度和表面质量，故通常取较小的铣削深度，零件的最终轮廓应由最后一刀连续精加工而成。主轴转速由机床允许的铣削速度及工件的直径选取。进给速度则按零件加工精度、表面粗糙度要求选取，粗加工取较大值，精加工取较小值，最大进给速度则受机床刚度及进给系统性能限制。需要特别注意的是：当进给速度选择过大时，则加工带圆弧或带拐角的内轮廓易产生过切现象，加工外轮廓则易产生欠切现象。当铣削深度、进给速度大而系统刚性差时，则加工轮廓易产生"过切"现象，加工内轮廓易产生"欠切"现象。

1.3.4 数控加工工作流程

CNC 加工的工作流程如图 1 – 10 所示，主要包括以下几方面内容：

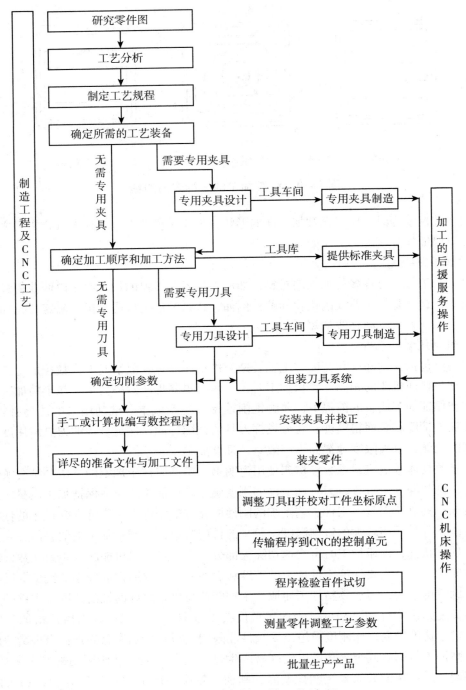

图 1 – 10 CNC 加工的工作流程

（1）分析零件图。

在准备任何零件的加工程序前，首先需要仔细分析零件图，做到了解加工零件在机构中所起的作用、工作环境与条件及与其相关零件的功能与配合方式与作用等（如图1-11某数控机床主轴系统组合图），明确零件的形状、材料、公差、表面粗糙度、材料的热处理要求以及其他的一些加工要求。然后，应当明确零件在机器中的作用，以及零件各个部分的作用。工艺人员根据零件图确定这个零件是否适合数控机床上加工及在何种数控机床上进行加工，如在加工中心上加工，还是在数控铣床或数控车及别的机床，并确定机床上加工那些部位。

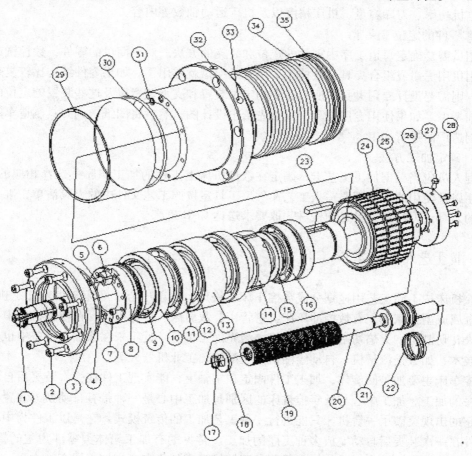

图1-11 某数控机床主轴系统

注：1. 四瓣爪 2. 内六角固定螺丝 3. 前盖 4. O形环 5. 内六角固定螺丝 6. 端键 7. 紧定内六角固定螺丝 8. 心轴 9. 前内预压环 10. 前外预压环 11. 轴承 12. 前内隔环 13. 前外隔环 14. 螺帽 15. 后预压环 16. 轴承 17. C扣 18. 拉杆隔环 19. 碟簧 20. 螺帽 21. 后拉杆螺帽 22. 耐磨环 23. 双圆头平行键 24. 皮带轮 25. 螺帽 26. 拉杆压盖 27. 外六角固定螺丝 28. 内六角固定螺丝 29. 水套环 30. O形环 31. O形环 32. 内六角塞头 33. 内六角塞头 34. 套筒 35. O形环

决定零件是否采用数控机床，以及采用何种数控机床是由以下几个因素决定的：零件的数量、批量和复杂程度，零件的加工要求，辅具的成本，夹具的制造成本和CNC机床的运转成本，现有的加工条件等。确定加工路线后，编写加工工艺卡。

（2）制定工艺规程。

将制定工艺过程的各项内容归纳写成文件形式，一般称这种文件为工艺规程。工艺规程阐明了零件的加工工序和加工方法。此工作一般由工艺人员完成。在有些企业中，没有专门的工艺人员，编程人员除了要负责零件的编程问题外，还要编制工艺规程。有些企业有专门的工艺员完成这项重要的工作。工艺员要负责将零件的加工过程分解成一个个加工工序。加工工艺卡包含数控机床编程人员需要的零件加工信息。加工工艺卡是和零件图配套使用的。

工艺员和编程人员必须了解 CNC 机床的有效性和加工能力。机床的加工能力，主要包括伺服电机功率、刀库容量、机床精度以及机床运动轴数等内容。

（3）零件的定位、夹紧。

工艺员需要确定每道工序中零件的定位和装夹的方法。对于简单的零件，数控铣或加工中心采用机用虎钳或组合夹具；数控车采用三爪卡盘就够用了。如果零件结构比较复杂、批量较大，则需要设计专用夹具。所有必要的定位装置和支承装置以及这些装置的定位问题都必须仔细考虑。如果使用专用刀具，则首先给出设计图，然后将图纸送到刀具制造车间或专业刀具制造厂商进行加工。

（4）确定加工方法。

编程人员应当根据加工工艺卡，确定在数控机床上工件的加工顺序并选择相应的刀具。加工顺序以及使用的刀具都要写入工艺文件。工具室按照工艺文件中的刀具清单，准备加工中用到的刀具。刀具和夹具必须按进、取要求送达 CNC 机床。

1.3.5　按工艺用途分类

数控机床按不同工艺用途划分成数控车床、铣床、加工中心、磨床与齿轮加工机床等；在数控金属成型机床中，有数控冲压床、弯管床、裁剪床、折弯机等；在特种机床中，有数控的电火花切割机、火焰切割机、点焊机、激光加工机等。近年来在非加工设备中也大量采用数控技术，如数控测量机、自动绘图机、装配机、工业机器人等。

数控车床主要加工回旋体，加工工件固定在主轴上，能实现工件在一次装夹后自动完成多种工序的加工。加工中心与数年控铣床的区别是加工中心是一种带有自动换刀装置的数控机床，它的出现突破了一台机床只能进行一种工艺加工的传统模式。它是以工件为中心，能实现工件在一次装夹后自动完成多种工序的加工。常见的有加工箱体类零件为主的镗、铣、钻、铰、锪类加工中心和几乎能够完成各种回转体类零件所有工序加工的车削中心。

近年来一些复合加工的数控机床也开始出现，其基本特点是集中多工序、多刀刃、复合工艺加工在一台设备中完成。

第 2 章

采用相对坐标编程与绝对坐标编程
对加工精度影响的研究

编制完善的数控加工程序，加工高质量的零件，是数控加工工艺编制人员、数控加工操作人员最关心的问题。本章介绍数控加工应用中按照相同的加工工艺，对同一种零件加工，采用相对值编程指令编制与绝对值编制是否对加工质量、加工效率、运行轨迹等存在差异。因对CNC机床加工工艺编制人员、CNC机床加工操作人员来讲，必须掌握利用一般的计算工具，通过各种数学方法，人工进行刀具轨迹的运算，并进行指令编制。

正确地理解绝对值编程指令和相对值编程指令的含义，恰当地使用这两种指令是减少数据计算量和降低数据计算难度提高工作效率编好数控加工程序的关键。本章就现代数控原理及控制提出了数控机床在加工过程中围绕许多不同几何要素组成零件轮廓的基点和节点手工编程时功能指令的正确选择；介绍编程时使用的绝对坐标值编程指令、相对坐标值编程指令的功能及包含这两种功能指令的两种译码工作过程。研究相对坐标值编程与绝对坐标值编程对加工精度影响。综合实际加工情况得出结论："无论采用哪种数控程序编制形式，对同一零件的同一工序的加工精度而言其结果是相同的。"使相关技术人员根据《编程手册》正确地理解这两种功能指令，恰当地使用这两种功能指令，减少数据计算难度，方便高效率地编写出中等难度、高技术要求的零件加工控制程序。

2.1 基点

零件的轮廓是由许多不同的几何要素所组成，如直线、圆弧、二次曲线等，各几何要素之间的连接点称为基点。基点坐标是编程中必需的重要数据。

【例】图 2-1 所示零件中，A、B、C、D、E 为基点。A、B、D、E 的坐标值从图中很容易找出，C 点是直线与圆弧切点，要联立方程求解。

以 B 点为计算坐标系原点，联立下列方程：

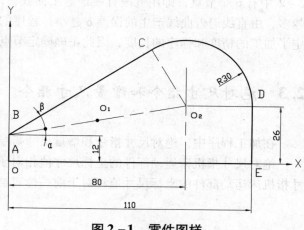

图 2-1 零件图样

15

直线方程：$Y = \text{tg}(\alpha + \beta)X$

圆弧方程：$(X - 80)^2 + (Y - 14)^2 = 30$

可求得（64.2786，39.5507），换算到以 A 点为原点的编程坐标系中，C 点坐标为（64.2786，51.5507）。

可以看出，对于如此简单的零件，基点的计算都很麻烦。对于复杂的零件，其计算工作量可想而知。

2.2　节点

数控系统一般只能作直线插补和圆弧插补的切削运动。如果工件轮廓是非圆曲线，数控系统就无法直接实现插补，而需要通过一定的数学处理。数学处理的方法是：用直线段或圆弧段去逼近非圆曲线，逼近线段与被加工曲线交点称为节点。

例如，对图 2 - 2 所示的曲线用直线逼近时，其交点 A、B、C、D、E、F 等即为节点。

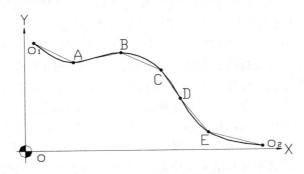

图 2 - 2　零件轮廓的节点

在编程时，首先要计算出节点的坐标，求得各节点后，就可按相邻两节点间的直线来编写加工程序。

这种通过求得节点，再编写程序的方法，使得节点数目决定了程序段的数目。如图 2 - 2 中有 6 个节点，即用五段直线逼近了曲线，因而就有五个直线插补程序段。节点数目越多，由直线逼近曲线产生的误差 δ 越小，程序的长度则越长。可见，节点数目的多少，决定了加工的精度和程序的长度，因此正确确定节点数目是个关键问题。

2.3　绝对尺寸指令和增量尺寸指令

在加工程序中，绝对尺寸指令和增量尺寸指令有两种表达方法。

绝对尺寸指机床运动部件的坐标尺寸值相对于坐标原点给出，如图 2 - 3 所示。增量尺寸指机床运动部件的坐标尺寸值相对于前一位置给出，如图 2 - 4 所示。

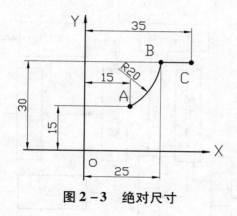

图 2-3　绝对尺寸

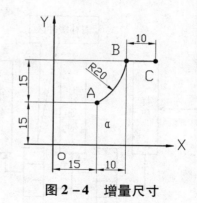

图 2-4　增量尺寸

2.4　G 功能字指定

G90 指定尺寸值为绝对尺寸。

G91 指定尺寸值为增量尺寸。

这种表达方式的特点是同一条程序段中只能用一种，不能混用；同一坐标轴方向的尺寸字的地址符是相同的。

用尺寸字的地址符指定（本书中车床部分使用）：

绝对尺寸的尺寸字的地址符用 X、Y、Z；

增量尺寸的尺寸字的地址符用 U、V、W。

这种表达方式的特点是同一程序段中绝对尺寸和增量尺寸可以混用，这给编程带来很大方便。

2.5　CNC 装置的数据转换流程

CNC 系统软件的主要任务之一就是如何将由零件加工程序表达的加工信息，变换成各进给轴的位移指令、主轴转速指令和辅助动作指令，控制加工设备的轨迹运动和逻辑动作，加工出符合要求的零件，如图 2-5 所示。

2.5.1　译码

译码（解释）将用文本格式（通常用 ASCII 码）表达的零件加工程序，以程序段为单位换成后续程序（本例是指刀补处理程序）所要求的数据结构（格式）。数控加工程序输入缓冲器后，下一步就是译码处理过程。所谓"译码"就输入的数控加工程序段按一定规则翻译成 CNC 数控系统装置中计算机能识别的数据形式，并按约定的格式存放在指定的译码结果缓冲器中。具体来讲，译码就是从数控加工程序缓冲器或 MDI 缓冲器中逐个读入字符，先识别出其中的文字代码和数字码，再将具体的文字或辅助符号译出，最后根据文字码所代

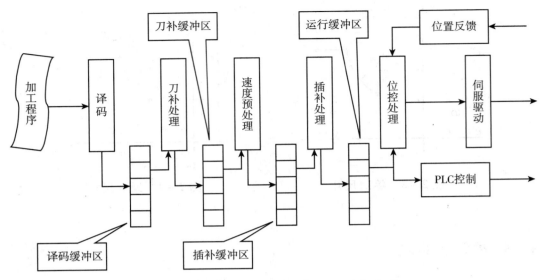

图 2 – 5   CNC 装置数据转换流程示意图

穿孔带代码	字符
$I_8 \ I_7 \ I_6 \ I_5 \ I_4 \ 0 \ I_3 \ I_2 \ I_1$	
	0
	1
	2
	3
	4
	5
	6
	7
	8
	9
	F
	G
	I
	K
	M
	N
	S
	T
	X
	Z
	–
	/
	STOP
	LF

图 2 – 6   某车床数控系统用到的 ISO 代码

表的功能，将后续数字码送到相应的译码结果缓冲器单元中。另外，在译码过程中还要进行数控加工程序的错误诊断。数控加工程序的译码可由硬件线路来实现，也可由软件编程来实现。

（1）硬件译码过程。

以采用 ISO 代码的某车床数控系统所用到的字符的译码为例来加以说明。图 2 – 6 是该车床数控系统用到的 ISO 代码。译码电路一般包括三个内容：一是通过译码得到文字或数字的识别信号；二是将具体的文字或辅助符号译出；三是根据非尺寸字 N \ C \ F \ M \ S \ T 等后的数字译出具体的功能信号。

（2）文字与数字的识别。

对文字或数字的译码识别是根据各类代码的特征进行的。

在 ISO 代码中，所有文字 A ~ Z 的特征为第六孔无孔与第七孔有孔；数字 0 ~ 9（连同辅助字符）的特征为第五孔 \ 第六孔均有孔而第七孔无孔。

采用 ISO 代码的某车床数控系统用到的字符。根据上述代码特征及字符的使用情况可写出文字信号 F_a 与数字信号 F_d 的逻辑表达式：

$$F_a = I_6 \cdot I_7 \cdot P$$

$$F_d = I_5 \cdot I_6 \cdot I_7 \cdot P$$

"译码"脉冲，译码电路由与非门构成，如图
2-7 所示。

（3）文字与辅助字符的译码。

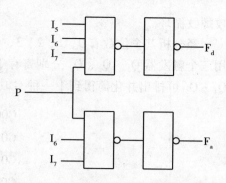

文字与辅助字符的译码方法也是按代码表及本系
统所使用的字符进行分析，列出它们的逻辑表达式，
最后用门电路实现。仍以所示某数控车床使用情况为
例。由图中可见，此系统使用的 F、G、I、K、M、N、
S、T、X、Z 共十个文字，要用 $I_1 \sim I_4$ 的四价目孔道信
号就可区分开来。为此，可用已得到的 F_a 脉冲将 $I_1 \sim$

图 2-7　文字与辅助字符的译码

I_4 读入由四个 R~S 触发器组成的文字寄存器，然后进
行译码，得到各具体文字信号。线路如图 2-8 所示，图中 $Q_1 \sim Q_4$ 在读入后的状态与 $I_1 \sim I_4$ 相
对应，再用十个与非门译出各文字的译码信号。十个逻辑表达式参照图 2-8 化简得出。

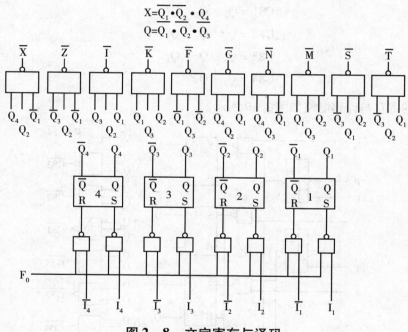

图 2-8　文字寄存与译码

四个辅助字符可直接根据孔道信号 $I_1 \sim I_7$ 译出并寄存器。其逻辑表达式如下：

$$LF = I_2 I_4 I_6 I_7$$
$$"1" = I_2 I_3 I_5 I_6$$
$$STOP = I_1 I_4 I_5 I_6$$
$$" - " = I_2 I_4 I_5 I_6$$

各项功能的译码在文字 G、S、T、M 等后面的二位十进制数，将各项功能具体化。仍以
某数控车床的 G 功能为例，共有 11 种 G 功能：G00 快速、G01 直线、G02 顺圆、G03 逆圆、
G04 暂停、G32 备用、G33 切螺纹、G81 钻孔循环、G82 扩孔循环、G83 钻深孔循环、G84

攻螺纹循环。

经分析其个位数有 0、1、2、3、4 五种数字，十位数只有 0、3、8 共三种数字。可见使用三个触发器 Q_1、Q_2、Q_3 分别寄存 I_1 与 I_4，即可区分十位数的三种情况。根据五个变量 $Q_1 \sim Q_5$ 可排出并化简得到十一种 G 功能的逻辑表达式为：

$$G00 = Q_5 \quad Q_4 \quad Q_3 \quad Q_2 \quad Q_1$$
$$G01 = Q_5 \quad Q_4 \quad Q_2 \quad Q_1$$
$$G02 = Q_5 \quad Q_4 \quad Q_2 \quad Q_1$$
$$G03 = Q_5 \quad Q_4 \quad Q_2 \quad Q_1$$
$$G04 = Q_5 \quad Q_4 \quad Q_3$$
$$G32 = Q_4 \quad Q_1$$
$$G33 = Q_4 \quad Q_1$$
$$G81 = Q_5 \quad Q_2 \quad Q_1$$
$$G82 = Q_5 \quad Q_2 \quad Q_1$$
$$G83 = Q_5 \quad Q_2 \quad Q_1$$
$$G84 = Q_5 \quad Q_3$$

G 功能的寄存与译码电路如图 2-9 所示。

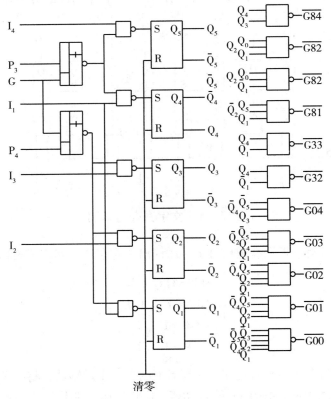

图 2-9 某车床数控系统 G 功能的寄存与译码电路

　　图中文字信号 G 和最高位置数脉冲 P_5 将十位数的 I_1 与 I_4 分别置入 Q_4 与 Q_5。Q_1、Q_2 和 Q_3 则由 G 信号和第二位置数脉冲 P_4 将个位数的 I_1、I_2、I_3 分别置入。译码按上述逻辑表达式由简单的与非门完成。同样，M、S、T 等功能的译码也可像上述 G 功能一样。

2.5.2　软件译码过程

（1）代码的识别。

　　代码识别通过软件来实现很简单，一般先把由 ISO 代码或 EIA 代码排列规律不明显的代码转换成具有一定规律的数控内部代码（简称内码），如表 2 - 1 所示。这样就可将取出的字符与各个内码数字相比较，若相等则说明输入了该字符，并设置相应标志，或转相应处理。图 2 - 10 就是关于数控加工程序译码处理中代码识别的部分软件流程图。

表 2 - 1　　　　　　　　　　　　　　　**常用 G 代码**

组　别	G 代码	功　能
GF	G90	绝对尺寸编程
	G91	增量尺寸编程
GA	G00	点定位（快速进给）
	G01	直线插补（切削进给）
	G02	顺时针圆弧插补
	G03	逆时针圆弧插补
	G06	抛物线插补
	G33	等螺距的螺纹切削
	G34	增螺距的螺纹切削
	G35	减螺距的螺纹切削
G8	G04	暂停
GC	G17	XY 平面选择
	G18	ZX 平面选择
	G19	YZ 平面选择
GD	G40	左刀具半径补偿
	G41	右刀具半径补偿
	G42	取消刀具半径补偿
GE	G80	取消固定循环
	G81 ~ G89	固定循环

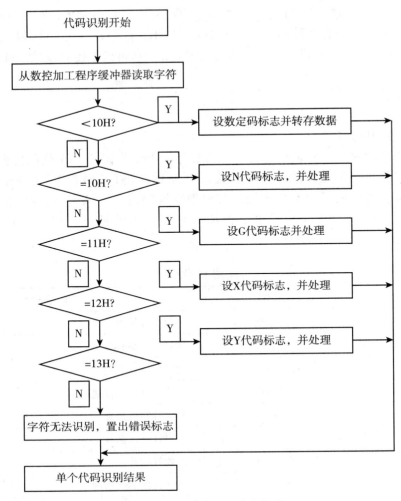

图 2-10 代码识别流程图

（2）功能码的译码。

经过上述代码识别建立了各功能代码的标志后，下面就要分别对各功能码进行处理了。这里首先要建立一个与数控加工程序缓冲器相对应的译码结果缓冲器。对于一个具体的CNC 系统来讲，译码结果缓冲器的格式和规模是固定不变的。显然，最简单的方法是在CNC 装置的存储器中划出一块内存区域，并为数控加工程序中可能出现的各个功能代码均对应一个内存单元，存放对应的数值或特征字，后续处理软件根据需要就到相应的内存单元中取出数控加工程序信息，并执行。但由于 ISO 标准或 EIA 标准中规定的字符和代码都是很丰富的，那么相应地也要求设置一个很庞大的表格，这样不但会浪费内存，而且还会影响译码的速度，显然是不太理想的。为此必须对译码结果存储器的格式加以规范，尽量减小规模。

由于在设计 CNC 系统时，对各自的编程格式都有规定，并不是每个数控系统都具有ISO 标准或 EIA 标准给出的所有命令。一般情况下只具有其中的一个子集，这样就可根据各个 CNC 系统来设置译码结果缓冲区，从而可大大减小其内存规模。另外，由于某些 G

代码是不可能同时出现在一个数控加工程序段中，也就是说，没有必要在译码结构缓冲器中同时为这些互相排斥的 G 代码设置单独的内存单元，可将它们进行合并，然后依不同的特征字来加以区分。通过这样分组成立后，可以进一步缩小缓冲器的容量。现以常用 G 代码的分组情况列于表 2 - 1 中，并定义成六组分别为 GA，GB，GC，GD，GE，GF，然后在译码结果缓冲器中只要为每一组定义一个内存单元即可。在这里要说明的是，上述划分是针对具体 CNC 系统而言的，特别是对于不具备的功能就没必要再给它分配内存单元了。

在经过上述处理，并指定译码结果的内存单元之后，就要对各单元的容量大小进行设置，而这些单元的字节数又与系统的精度、加工行程等有关。现假设某 CNC 装置中 CPU 为 8 位字长，对于以二进制存放的坐标值数据分配两个单元。另外，除 G 代码和 M 代码需要分组外，其余的功能代码均只有一种格式，它的地址在内存中是可以指定的。据此可以给出一种典型的译码结果缓冲格式如表 2 - 2 所示，事实上，一般数控系统中都规定，在同一个数控加工程序段中最多允许同时出现三个 M 代码指令，所以在这里为 M 代码也设置三个内存单元 MX、MY 和 MZ。

表 2 - 2　　　　　　　　　　　　　　译码结果缓冲器格式

地址码	字节数	数据形式
N	1	BCD 码
X	2	二进制
Y	2	二进制
Z	2	二进制
I	2	二进制
J	2	二进制
K	2	二进制
F	2	二进制
S	2	二进制
T	1	BCD 码
MX	1	特征字
MY	1	特征字
MZ	1	特征字
GA	1	特征字
GB	1	特征字
GC	1	特征字

地址码	字节数	数据形式
GD	1	特征字
GE	1	特征字
GF	1	特征字

在表 2-2 中的地址码实际上是表示相应单元的名称，而其中存放的值应是数控加工程序中对应功能代码后的数字或有关该功能码的特征信息。对于数据的处理，也需要根据对应功能码的标志区别对待，不同的功能代码要求后面的数字位数或存放形式也有区别。

例如，N 代码和 T 代码对应单元中存放的数据为二位 BCD 码（一个字节），则其对应范围为 00~99。X 代码对应两个字节单元，如果存放二进制带符号数，则对应范围为 -32768~+32767。对于 G 代码和 M 代码的处理要简单些，只要在对应的译码结果缓冲单元中以特征字形式表示。例如，设在某个数控加工程序段中有一个 G90 代码，那么首先要确定 G90 属于 GF 组，然后为了区别出是 GF 组内的哪一个代码，可在 GF 对应的地址单元中送入一个"90H"作为特征字，代表已编入了 G90 代码。当然这个特征字并非固定的，只要保证不会相互混淆，且能表明某个代码即可。由于 M 代码和 G 代码的后面数字范围均为 00~99，为了方便起见，可直接将后面的数字作为特征码放入对应内存单元中。但对于 G00 和 M00 的特殊情况，可以自行约定一个标志来表示，以防与初始化清零结果相混淆。

下面以 N05G90G01X106Y~60F46M05LF 数控加工程序段为例说明译码程序的工作过程。首先从数控加工程序缓冲器中读入一个字符，判断是否是该程序段的第一个字符 N，如是则设定标，接着去取其后紧跟的数字，应该是二位的 BCD 码，并将它们合并，在检查没有错误的情况下将其转化成 BCD 码并存入译码缓冲器中 N 代码对应的内存单元。再取下一个字符是 G 代码，同样先设定相应的标志，接着分两次取出 G 代码后面的二位数码（90），判别出是属于 GF 组，则在译码结果缓冲器中 GF 对应的内存单元置入"90H"即可。继续再读入下一个字符仍是 G 代码，并根据其后的数字（01）判断出应属于 GA 组，这样只要在 GA 对应的内存单元中置入"01H"即可。接着读入的代码是 X 代码和 Y 代码及其后紧跟的坐标值，这时需将这些坐标值内码进行拼接，并转换成二进制数，同时检查无误后即将其存入 X 或 Y 对应的内存单元中。如此重复，一直读到结束字符 LF 后，才进行有关的结束处理，并返回主程序。这样经过上述译码程序处理后，一个完整的程控加工程序中的所有功能代码连同它们后面的数字码都被依次对应地存入相应的译码结果缓冲器中，从而得到如图 2-11 所示的译码结果。这里假设其内存首址为 4000H。

2.5.3　速度预处理

速度预处理的主要功能是根据加工程序给定的进给速度，计算在每个插补周期内的合成移动量，供插补程序使用。

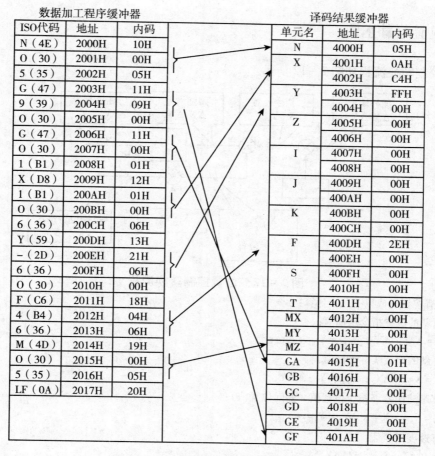

数据加工程序缓冲器

ISO代码	地址	内码
N（4E）	2000H	10H
O（30）	2001H	00H
5（35）	2002H	05H
G（47）	2003H	11H
9（39）	2004H	09H
O（30）	2005H	00H
G（47）	2006H	11H
O（30）	2007H	00H
1（B1）	2008H	01H
X（D8）	2009H	12H
1（B1）	200AH	01H
O（30）	200BH	00H
6（36）	200CH	06H
Y（59）	200DH	13H
−（2D）	200EH	21H
6（36）	200FH	06H
O（30）	2010H	00H
F（C6）	2011H	18H
4（B4）	2012H	04H
6（36）	2013H	06H
M（4D）	2014H	19H
O（30）	2015H	00H
5（35）	2016H	05H
LF（0A）	2017H	20H

译码结果缓冲器

单元名	地址	内码
N	4000H	05H
X	4001H	0AH
	4002H	C4H
Y	4003H	FFH
	4004H	00H
Z	4005H	00H
	4006H	00H
I	4007H	00H
	4008H	00H
J	4009H	00H
	400AH	00H
K	400BH	00H
	400CH	00H
F	400DH	2EH
	400EH	00H
S	400FH	00H
	4010H	00H
T	4011H	00H
MX	4012H	00H
MY	4013H	00H
MZ	4014H	00H
GA	4015H	01H
GB	4016H	00H
GC	4017H	00H
GD	4018H	00H
GE	4019H	00H
GF	401AH	90H

图 2 - 11　数控加工程序译码过程

2.5.4　插补计算

插补计算主要功能：

计算插补周期的实际合成位移量：

$$\Delta L1 = \Delta L * 修调值$$
$$分解 \Delta L1 \rightarrow (\Delta X1 、\Delta Y1)$$

将 $\Delta L1$ 按插补的线形（直线、圆弧等）和本插补点所在的位置分解到各个进给轴，作为各轴的位置控制指令（$\Delta X1$、$\Delta Y1$）。

经插补计算后的数据存放在运行缓冲区中，以供位置控制程序之用。插补模块以系统规定的插补周期 Δt 定时运行。

2.5.5　位置控制处理

位置控制转换流程如图 2 – 12 所示。

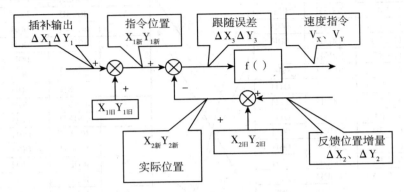

图 2 – 12　位置控制转换流程

注：位置控制完成以下几步计算：

□ 计算新的位置指令坐标值：

□ $X_{1新} = X_{1旧} + \Delta X_1$；$Y_{1新} = Y_{1旧} + \Delta Y_1$；

□ 计算新的位置实际坐标值：

□ $X_{2新} = X_{2旧} + \Delta X_2$；$Y_{2新} = Y_{2旧} + \Delta Y_2$；

□ 计算跟随误差（指令位置值 – 实际位置值）：

□ $\Delta X_3 = X_{1新} - X_{2新}$；$\Delta Y_3 = Y_{1新} - Y_{2新}$；

□ 计算速度指令值：

□ $V_X = f(\Delta X_3)$；$V_Y = f(\Delta Y_3)$

f（　）是位置环的调节控制算法，具体的算法视具体系统而定。这一步在有些系统中是采用硬件来实现的。V_X、V_Y 送给伺服驱动单元，控制电机运行，实现 CNC 装置的轨迹控制。

2.5.6　脉冲当量

伺服系统把数控装置输出的脉冲信号通过放大和驱动元件使机床移动部件运动或执行机构动作，以加工出符合要求的零件。每一脉冲使机床移动部件产生的位移量称为脉冲当量，常用的脉冲当量为 0.01mm/脉冲、0.005mm/脉冲、0.001mm/脉冲等；数控机床的最小设定单位即数控系统能实现的最小位移量。它是数控机床的一项重要技术指标，标志数控机床的分辨率。其值一般为 0.001 ~ 0.01mm 在编程时，所有的编程尺寸都应转换成与最小设定单位的相应的数据。如在某机床的分辨率为 0.01mm，按加工要求机床移动部件需移动 10mm 数控装置需发射 10000 个脉冲也就是 10000 个脉冲当量之和。

2.6　插补的基本概念

在数控加工中，一般已知运动轨迹的起点坐标、终点坐标和曲线方程，如何使切削加工运动沿着预定轨迹移动呢？数控系统根据这些信息实时地计算出各个中间点的坐标，通常把这个过程称为"插补"。

插补实质上是根据有限的信息完成"数据点的密化"工作。

加工各种形状的零件轮廓时，必须控制刀具相对工件以给定的速度沿指定的路径运动，即控制各坐标轴依某一规律协调运动，这一功能为插补功能。平面曲线的运动轨迹需要两个运动来协调；空间曲线或立体曲面则要求三个以上的坐标产生协调运动。

2.6.1　插补方法的分类

插补工作可由硬件逻辑电路或执行软件程序来完成，在 CNC 系统中，插补工作一般由软件完成，软件插补结构简单、灵活易变、可靠性好。

目前普遍应用的两类插补方法为基准脉冲插补和数据采样插补。

（1）基准脉冲插补。

基准脉冲插补又称脉冲增量插补，这类插补算法是以脉冲形式输出，每插补运算一次，最多给每一轴一个进给脉冲。把每次插补运算产生的指令脉冲输出到伺服系统，以驱动工作台运动，每发出一个脉冲，工作台移动一个基本长度单位，也叫脉冲当量，脉冲当量是脉冲分配的基本单位。这种插补方法有：逐点比较法、数字积分法、数字脉冲乘法器、比较积分法和最小偏差法等。

（2）数据采样插补。

数据采样插补又称时间增量插补，这类算法插补结果输出的不是脉冲，而是标准二进制数。根据编程进给速度，把轮廓曲线按插补周期将其分割为一系列微小直线段，然后将这些微小直线段对应的位置增量数据进行输出，以控制伺服系统实现坐标轴的进给。插补运算分两步进行：第一步为粗插补，在给定起点和终点的线段上插入若干个点，即用若干条微小直线段来逼近给定线段，粗插补在每个插补周期中计算一次；第二步为精插补，它是在粗插补计算出的每一微小直线段上再做"数据点的密化"工作。一般将粗插补运算称为插补，用软件实现，而精插补可以用软件，也可以用硬件实现。数据采样插补方法常用的有：扩展数字积分法、直线函数法、双数字积分法等。

插补计算是计算机数控系统中实时性很强的一项工作，为了提高计算速度，缩短计算时间，按以下三种结构方式进行改进：

① 采用软/硬件结合的两级插补方案。

② 采用多 CPU 的分布式处理方案。

③ 采用单台高性能微型计算机方案。

2.6.2　逐点比较法

（1）插补原理。

一般来说，逐点比较法插补过程可按以下四个步骤进行：

① 偏差判别：根据刀具当前位置，确定进给方向。

② 坐标进给：使加工点向给定轨迹趋进，即向减少误差方向移动。

③ 偏差计算：计算新加工点与给定轨迹之间的偏差，作为下一步判别依据。

④ 终点判别：判断是否到达终点，若到达，结束插补；否则，继续以上四个步骤，如图 2 - 13 所示。

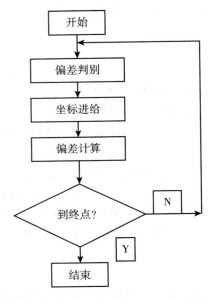

图 2 - 13　逐点比较法工作循环图

逐点比较法既可以实现直线插补，也可以实现圆弧插补。其特点是运算简单，过程清晰，插补误差小，输出脉冲均匀，而且输出脉冲速度变化小，但不能实现两个以上的坐标的插补，因此在两坐标数控机床中应用较为普遍。下面分别介绍逐点比较法直线插补和圆弧插补原理。

（2）逐点比较法直线插补。

如图 2 - 14 所示第一象限直线 OE，起点 O 为坐标原点，在用户编程时，给出直线的终点坐标 $E(X_e, Y_e)$，直线方程为：

$$X_e Y - X Y_e = 0 \qquad\qquad (2-1)$$

直线 OE 为给定轨迹，$P(X, Y)$ 为动点坐标，动点与直线的位置关系有三种情况：动点在直线上方、直线上、直线下方。

① 若 P 点在直线上方，则有：　　　　$X_e Y - X Y_e > 0$；

② 若 P 点在直线上，则有：　　　　　$X_e Y - X Y_e = 0$；

③ 若 P 点在直线下方，则有：　　　　$X_e Y - X Y_e < 0$。

因此，可以构造偏差函数为：

$$F = X_e Y - X Y_e \qquad (2-2)$$

对于第一象限直线，其偏差符号与进给方向的关系为：

当 $F = 0$ 时，表示动点在 OE 上，如点 P，可向 $+X$ 向进给，也可向 $+Y$ 向进给。

当 $F > 0$ 时，表示动点在 OE 上方，如点 P_1，应向 $+X$ 向进给。

当 $F < 0$ 时，表示动点在 OE 下方，如点 P_2，应向 $+Y$ 向进给。

这里规定动点在直线上时，可归入 $F > 0$ 的情况一同考虑。

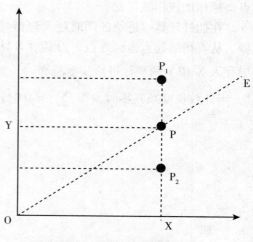

图 2 - 14　动点与直线位置关系

插补工作从起点开始，走一步，算一步，判别一次，再走一步，当沿两个坐标方向走的步数分别等于 X_e 和 Y_e 时，停止插补。

下面将 F 的运算采用递推算法予以简化，动点 $P_i(X_i, Y_i)$ 的 F_i 值为：

$$F_i = X_e Y_i - X_i Y_e$$

① 若 $F_i \geqslant 0$，表明 $P_i(X_i, Y_i)$ 点在 OE 直线上方或在直线上，应沿 $+X$ 向走一步，假设坐标值的单位为脉冲当量，走步后新的坐标值为 $(X_i + 1, Y_i + 1)$，且 $X_i + 1 = X_i + 1$，$Y_i + 1 = Y_i$，新点偏差为：

$$
\begin{aligned}
F_{i+1} &= X_e Y_{i+1} - X_{i+1} Y_e \\
&= X_e Y_i - (X_i + 1) Y_e \\
&= X_e Y_i - X_i Y_e - Y_e \\
&= F_i - Y_e
\end{aligned}
$$

即：

$$F_{i+1} = F_i - Y_e \qquad (2-3)$$

② 若 $F_i < 0$，表明 $P_i(X_i, Y_i)$ 点在 OE 的下方，应向 $+Y$ 方向进给一步，新点坐标值为 $(X_i + 1, Y_i + 1)$，且 $X_i + 1 = X_i$，$Y_{i+1} = Y_i + 1$，新点的偏差为：

$$
\begin{aligned}
F_{i+1} &= X_e Y_{i+1} - X_{i+1} Y_e \\
&= X_e (Y_i + 1) - X_i Y_e \\
&= X_e Y_i - X_i Y_e + X_e \\
&= F_i + X_e
\end{aligned}
$$

即：

$$F_{i+1} = F_i + X_e \qquad (2-4)$$

在开始加工时，将刀具移到起点，刀具正好处于直线上，偏差为零，即 $F = 0$，根据这一点偏差可求出新一点偏差，随着加工的进行，每一新加工点的偏差都可由前一点偏差和终点坐标相加或相减得到。

在插补计算、进给的同时还要进行终点判别。常用终点判别方法是设置一个长度计数器，从直线的起点走到终点，刀具沿 X 轴应走的步数为 X_e，沿 Y 轴走的步数为 Y_e，计数器中存入 X 和 Y 两坐标进给步数总和 $\sum = |X_e| + |Y_e|$，当 X 或 Y 坐标进给时，计数长度减 1，当计数长度减到零时，即 $\sum = 0$ 时，停止插补，到达终点。

第 3 章

数控铣床程序编制与加工工艺分析

各种类型数控铣床所配置的数控系统虽然各有不同，但各种数控系统的功能，除一些特殊功能不尽相同外，其主要加工工艺范围基本相同。加工中心、柔性制造单元等都是在数控铣床的基础上产生和发展起来的。

3.1 平面类零件

数控铣床的加工工艺范围主要涉及轮廓、平面与曲面特征的零件。平面类零件如图3 – 1所示的三个零件均为平面类零件。其是指加工面平行或垂直于水平面，以及加工面与水平面的夹角为一定值的零件，这类加工面可展开为平面。

a. 轮廓面A　　　　　　　b. 轮廓面B　　　　　　　c. 轮廓面C

图 3 – 1　平面类零件

其中，图3 – 1曲线轮廓面a垂直于水平面，可采用圆柱立铣刀加工。凸台侧面b与水平面成一定角度，这类加工面可以采用专用的角度成型铣刀来加工。对于斜面c，当工件尺寸不大时，可用斜板垫平后加工；当工件尺寸很大、斜面坡度又较小时，也常用行切加工法加工，这时会在加工面上留下进刀时的刀锋残留痕迹，要用钳修方法加以清除。

3.1.1 直纹曲面类零件

直纹曲面类零件是指由直线依某种规律移动所产生的曲面类零件。如图3 – 2所示零件的加工面就是一种直纹曲面，当直纹曲面从截面（1）至截面（2）变化时，其与水平面间的夹角从3°10′均匀变化为2°32′，从截面（2）到截面（3）时，又均匀变化为1°20′，最后到截面（4），斜角均匀变化为0°。直纹曲面类零件的加工面不能展开为平面。

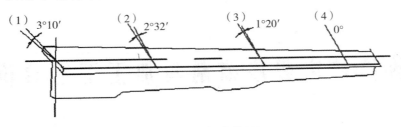

图3-2　直纹曲面

当采用四坐标或五坐标数控铣床加工直纹曲面类零件时，加工面与铣刀圆周接触的瞬间为一条直线。这类零件也可在三坐标数控铣床上采用行切加工法实现近似加工。

3.1.2　立体曲面类零件

加工面为空间曲面的零件称为立体曲面类零件。这类零件的加工面不能展成平面，一般使用球头铣刀或曲面成型铣刀等切削，加工面与铣刀始终为点接触，若采用其他刀具加工，易于产生干涉而铣伤邻近表面。加工立体曲面类零件一般使用三坐标数控铣床，采用以下两种加工工艺方法。

（1）行切加工工艺法。

采用三坐标数控铣床进行二轴半坐标控制加工，即行切加工法。如图3-3所示，球头铣刀沿XY平面的曲线进行直线插补加工，当一段曲线加工完后，沿X方向进给ΔX再加工相邻的另一曲线，如此依次用平面曲线来逼近整个曲面。相邻两曲线间的距离ΔX应根据表面粗糙度的要求及球头铣刀的半径选取。球头铣刀的球半径应尽可能选得大一些，以增加刀具刚度，提高散热性，降低表面粗糙度值。加工凹圆弧时的铣刀球头半径必须小于被加工曲面的最小曲率半径。

（2）三坐标联动加工工艺法。

采用三坐标数控铣床三轴联动加工，即进行空间直线插补。如半球形，可用行切加工法加工，也可用三坐标联动的方法加工。这时，数控铣床用X、Y、Z三坐标联动的空间直线插补，实现球面加工，如图3-4所示。

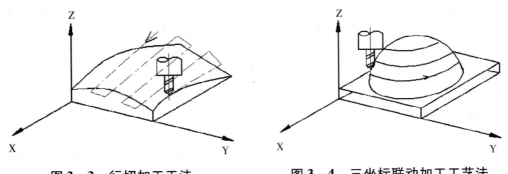

图3-3　行切加工工法　　　　　图3-4　三坐标联动加工工艺法

各种类型数控铣床大致具有如下八种功能：

（1）点位控制功能。

此功能主要应用与对相互位置精度要求很高的孔系加工。如模具中的导柱导套安装定位孔、普通机床中的导杆与轴心孔等。

（2）连续轮廓控制功能。

此功能可以实现直线、圆弧的插补功能与异形曲线的加工。

（3）刀具半径补偿功能。

此功能不仅可以根据零件图样的标注尺寸来编程，而不必考虑所用刀具的实际半径尺寸，从而减少编程时的复杂数值计算。还可以使用在刀具磨损后继续切削时保证加工产品质量，提高刀具使用效率与机床使用效率等。

（4）刀具长度补偿功能。

此功能可以自动补偿自身刀具长短及其他参与加工各刀具的长短，以适应加工中对刀具长度尺寸调整的要求。

（5）比例及镜像加工功能。

比例功能可将编好的加工程序按指定比例改变坐标位置值或坐标节点来执行。镜像加工又称轴对称加工，如果一个零件的形状关于坐标轴对称，那么只要编出一个或两个象限的程序，而其余象限的轮廓就可以通过镜像加工来实现。

（6）旋转功能。

该功能可将编好的加工程序在加工平面内旋转任意角度来执行，以达到简化编程时数值计算的复杂性与降低数值计算难度等。

（7）子程序调用功能。

有些零件需要在不同的位置上重复加工同样的轮廓形状，将这一轮廓形状的加工程序作为子程序，在需要的位置上重复调用，就可以完成对该零件的加工。

（8）宏程序功能。

该功能可用一个总指令代表实现某一功能的一系列指令，并能对变量进行运算，使程序更具灵活性和方便性。

数控铣床是机床设备中应用非常广泛的加工机床，基于以上八种以上功能它可以进行平面铣削、平面型腔铣削、外形轮廓铣削、三维及三维以上复杂型面铣削，还可进行钻削、镗削、螺纹切削等孔加工。具有丰富的加工功能和较宽的加工工艺范围，面对的工艺性问题也较多。在开始编制铣削加工程序前，一定要仔细分析数控铣削加工工艺性，掌握铣削加工工艺装备的特点，以保证充分发挥数控铣床的加工功能。

3.2　数控铣床的工艺装备

数控铣床的工艺装备较多，这里主要分析夹具和刀具。

3.2.1　夹具

　　数控机床主要用于加工工艺方法复杂的零件，但所使用夹具的结构往往并不复杂，数控铣床夹具的选用可首先根据生产零件的批量来确定。对单件、小批量、工作量较大的模具加工来说，一般可直接在机床工作台面上通过调整实现定位与夹紧，然后通过加工坐标系的设定来确定零件的位置。

　　对如有一定批量的注塑机模板零件来说，可选用结构较简单的夹具。例如，加工如图3-5所示的凸轮零件的凸轮曲面时，可采用如图3-6中所示的凸轮夹具。其中，两个定位销3、定位销5与定位块4组成一面两销的六点定位，压板6与夹紧螺母7实现夹紧。其中，1—凸轮零件，2—夹具体，3—圆柱定位销，4—定位块，5—菱形定位销，6—压板，7—夹紧螺母。

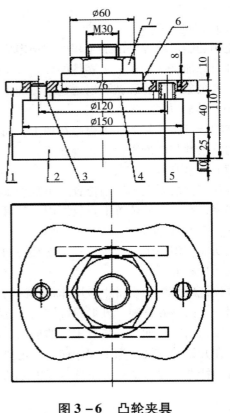

图3-6　凸轮夹具

注：本图不需要标注尺寸，所注尺寸作绘图

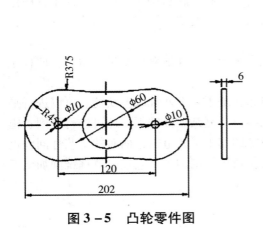

图3-5　凸轮零件图

第 4 章

数控铣床铣刀的选用与切削工艺性分析

4.1 数控铣床刀具

依据注塑机模板粗加工的加工条件，结合数控铣机的额定功率和刚性，选择的铣刀为：P 类合金、双刃、刀片镶嵌式盘形、立装结构、45°主偏角、双负前角、粗齿铣刀。铣刀直径参照刀库规格与工件切削宽度的 1.6 倍范围内选取。

数控铣床上所采用的刀具要根据被加工零件的材料、几何形状、表面质量要求、热处理状态、切削性能及加工余量等，选择刚性好、耐用度高的刀具，常见刀具见图 4 - 1。

图 4 - 1 常见刀具

4.1.1 铣刀类型选择

被加工零件的几何形状是选择刀具类型的主要依据。

（1）加工曲面类零件时，为了保证刀具切削刃与加工轮廓在切削点相切，而避免刀刃与工件轮廓发生干涉，采用球头刀或仿型刀，一般粗加工用两刃铣刀，半精加工和精加工用四刃铣刀，如图 4 - 2 所示。

（2）铣较大平面时，为了提高生产效率和提高加工表面粗糙度，一般采用刀片镶嵌式盘形铣刀，如图 4 - 3 所示。

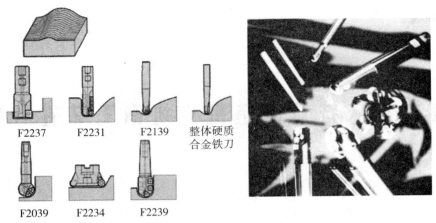

图 4 – 2　加工曲面类铣刀

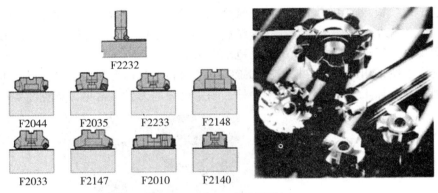

图 4 – 3　加工大平面铣刀

（3）铣小平面或台阶面时一般采用通用铣刀，如图 4 – 4 所示。

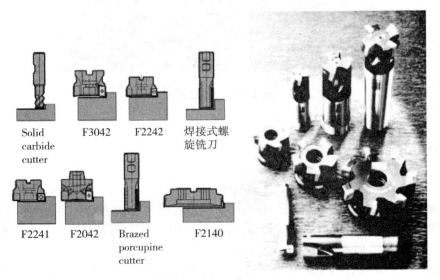

图 4 – 4　加工台阶面铣刀

（4）铣键槽时，为了保证槽的尺寸精度、一般用两刃键槽铣刀，如图 4 – 5 所示。

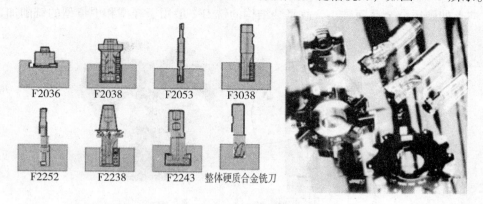

F2036　F2038　F2053　F3038

F2252　F2238　F2243　整体硬质合金铣刀

图 4 – 5　加工槽类铣刀

（5）孔加工时，可采用钻头、镗刀等孔加工类刀具，如图 4 – 6 所示。

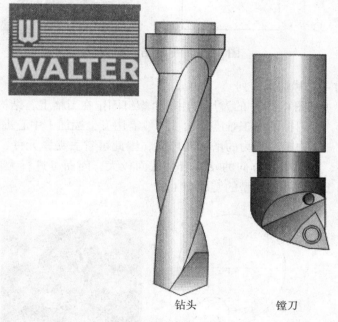

钻头　　　　镗刀

图 4 – 6　孔加工刀具

4.1.2　铣刀结构选择

铣刀一般由刀片、定位元件、夹紧元件和刀体组成。由于刀片在刀体上有多种定位与夹紧方式，刀片定位元件的结构又有不同类型，因此铣刀的结构形式有多种，分类方法也较多。选用时主要可根据刀片排列方式。刀片排列方式可分为平装结构和立装结构两大类。

（1）平装结构（刀片径向排列）。

平装结构铣刀（见图 4 – 7）的刀体结构工艺性好，容易加工，并可采用无孔刀片（刀片价格较低，可重磨）。由于需要夹紧元件，刀片的一部分被覆盖，容屑空间较小，且在切削力方向上的硬质合金截面较小，故平装结构的铣刀一般用于轻型和中量型的铣削加工。

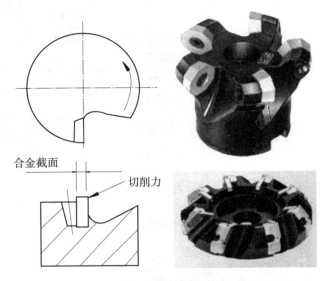

图 4-7　平装结构铣刀

（2）立装结构（刀片切向排列）。

立装结构铣刀（见图 4-8）的刀片只用一个螺钉固定在刀槽上，结构简单，转位方便。虽然刀具零件较少，但刀体的加工难度较大，一般需用五坐标加工中心进行加工。由于刀片采用切削力夹紧，夹紧力随切削力的增大而增大，因此可省去夹紧元件，增大了容屑空间。由于刀片切向安装，在切削力方向的硬质合金截面较大，因而可进行大切深、大走刀量切削，这种铣刀适用于重型和中量型的铣削加工。

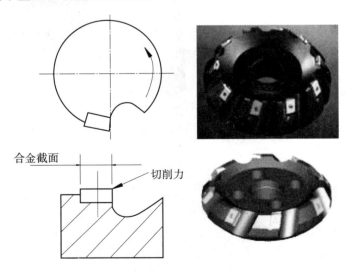

图 4-8　立装结构铣刀

4.1.3　铣刀角度的选择

铣刀的角度有前角、后角、主偏角、副偏角、刃倾角等。为满足不同的加工需要，有多种角度组合型式。各种角度中最主要的是主偏角和前角（如成都英格数控刀具模具有限公司制造厂的产品样本中对刀具的主偏角和前角一般都有明确说明）。

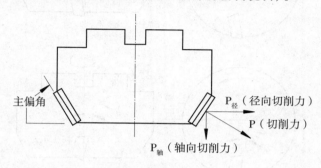

图 4 – 9　主偏角

（1）主偏角 Kr。

主偏角为切削刃与切削平面的夹角，如图 4 – 9 所示。铣刀的主偏角有 90°、88°、75°、70°、60°、45°等几种。

主偏角对径向切削力和切削深度影响很大。径向切削力的大小直接影响切削功率和刀具的抗震性能。铣刀的主偏角越小，其径向切削力越小，抗振性也越好，但切削深度也随之减小。90°主偏角，在铣削带凸肩的平面时选用，一般不用于单纯的平面加工。该类刀具通用性好（即可加工台阶面，又可加工平面），在单件、小批量加工中选用。由于该类刀具的径向切削力等于切削力，进给抗力大，易振动，因而要求机床具有较大功率和足够的刚性。在加工带凸肩的平面时，也可选用 88°主偏角的铣刀，较之 90°主偏角铣刀，其切削性能有一定改善。60°~75°主偏角，适用于平面铣削的粗加工。由于径向切削力明显减小（特别是 60°时），其抗振性有较大改善，切削平稳、轻快，在平面加工中应优先选用。75°主偏角铣刀为通用型刀具，适用范围较广；60°主偏角铣刀主要用于镗铣床、加工中心上的粗铣和半精铣加工。

45°主偏角，此类铣刀的径向切削力大幅度减小，约等于轴向切削力，切削载荷分布在较长的切削刃上，具有很好的抗振性，适用于镗铣床主轴悬伸较长的加工场合。用该类刀具加工平面时，刀片破损率低，耐用度高；在加工铸铁件时，工件边缘不易产生崩刃。

（2）前角 γ。

铣刀的前角可分解为径向前角 γ_f（见图 4 – 10a）和轴向前角 γ_p（见图 4 – 10b），径向前角 γ_f 主要影响切削功率；轴向前角 γ_p 则影响切屑的形成和轴向力的方向，当 γ_p 为正值时切屑即飞离加工面。径向前角 γ_f 和轴向前角 γ_p 正负的判别见图 4 – 10。

常用的前角组合形式如下：

① 双负前角。双负前角的铣刀通常均采用方形（或长方形）无后角的刀片，刀具切削刃多（一般为 8 个），且强度高、抗冲击性好，适用于铸钢、铸铁的粗加工。由于切屑收缩比大，需要较大的切削力，因此要求机床具有较大功率和较高刚性。由于轴向前角为负值，

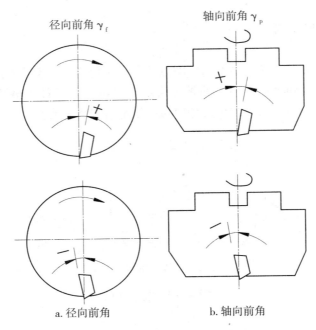

a. 径向前角   b. 轴向前角

图 4 - 10　前角

切屑不能自动流出，当切削韧性材料时易出现积屑瘤和刀具振动。

凡能采用双负前角刀具加工时建议优先选用双负前角铣刀，以便充分利用和节省刀片。当采用双正前角铣刀产生崩刃（即冲击载荷大）时，在机床允许的条件下亦应优先选用双负前角铣刀。

② 双正前角。双正前角铣刀采用带有后角的刀片，这种铣刀楔角小，具有锋利的切削刃。由于切屑收缩比小，所耗切削功率较小，切屑成螺旋状排出，不易形成积屑瘤。这种铣刀最宜用于软材料和不锈钢、耐热钢等材料的切削加工。对于刚性差（如主轴悬伸较长的镗铣床）、功率小的机床和加工焊接结构件时，也应优先选用双正前角铣刀。

③ 正负前角（轴向正前角、径向负前角）。这种铣刀综合了双正前角和双负前角铣刀的优点，轴向正前角有利于切屑的形成和排出；径向负前角可提高刀刃强度，改善抗冲击性能。此种铣刀切削平稳，排屑顺利，金属切除率高，适用于大余量铣削加工。WALTER 公司的切向布齿重切削铣刀 F2265 就是采用轴向正前角、径向负前角结构的铣刀。

4.1.4　铣刀的齿数（齿距）选择

铣刀齿数多，可提高生产效率，但受容屑空间、刀齿强度、机床功率及刚性等的限制，不同直径的铣刀的齿数均有相应规定。为满足不同用户的需要，同一直径的铣刀一般有粗齿、中齿、密齿三种类型：

（1）粗齿铣刀。适用于普通机床的大余量粗加工和软材料或切削宽度较大的铣削加工；当机床功率较小时，为使切削稳定，也常选用粗齿铣刀。

（2）中齿铣刀。系通用系列，使用范围广泛，具有较高的金属切除率和切削稳定性。

（3）密齿铣刀。主要用于铸铁、铝合金和有色金属的大进给速度切削加工。在专业化生产（如流水线加工）中，为充分利用设备功率和满足生产节奏要求，也常选用密齿铣刀（此时多为专用非标铣刀）。

为防止工艺系统出现共振，使切削平稳，还有一种不等分齿距铣刀。如 WALTER 公司的 NOVEX 系列铣刀均采用不等分齿距技术。在铸钢、铸铁件的大余量粗加工中建议优先选用不等分齿距的铣刀。

4.1.5　铣刀直径的选择

铣刀直径的选用视产品及生产批量的不同差异较大，刀具直径的选用主要取决于设备的规格和工件的加工尺寸。

（1）平面铣刀。

选择平面铣刀直径时主要需考虑刀具所需功率应在机床功率范围之内，也可将机床主轴直径作为选取的依据。平面铣刀直径可按 $D = 1.5d$（d 为主轴直径）选取。在批量生产时，也可按工件切削宽度的 1.6 倍选择刀具直径。

（2）立铣刀。

立铣刀直径的选择主要应考虑工件加工尺寸的要求，并保证刀具所需功率在机床额定功率范围以内。如系小直径立铣刀，则应主要考虑机床的最高转数能否达到刀具的最低切削速度（60m/min）。

（3）槽铣刀。

槽铣刀的直径和宽度应根据加工工件尺寸选择，并保证其切削功率在机床允许的功率范围之内。

4.1.6　铣刀的最大切削深度

不同系列的可转位面铣刀有不同的最大切削深度。最大切削深度越大的刀具所用刀片的尺寸越大，价格也越高，因此，从节约费用、降低成本的角度考虑，选择刀具时一般应按加工的最大余量和刀具的最大切削深度选择合适的规格。当然，还需要考虑机床的额定功率和刚性应能满足刀具使用最大切削深度时的需要。

4.1.7　刀片牌号的选择

合理选择刀片硬质合金牌号的主要依据是被加工材料的性能和硬质合金的性能。一般选用铣刀时，可按刀具制造厂提供加工的材料及加工条件，来配备相应牌号的硬质合金刀片。

由于各厂生产的同类用途硬质合金的成分及性能各不相同，硬质合金牌号的表示方法也不同，为方便用户，国际标准化组织规定，切削加工用硬质合金按其排屑类型和被加工材料分为三大类：P 类、M 类和 K 类。根据被加工材料及适用的加工条件，每大类中又分为若干组，用两位阿拉伯数字表示，每类中数字越大，其耐磨性越低、韧性越高。

（1）P 类合金（包括金属陶瓷）用于加工产生长切屑的金属材料，如钢、铸钢、可锻铸铁、不锈钢、耐热钢等。其中，组号越大，则可选用越大的进给量和切削深度，而切削速度则应越小。

（2）M 类合金用于加工产生长切屑和短切屑的黑色金属或有色金属，如钢、铸钢、奥氏体不锈钢、耐热钢、可锻铸铁、合金铸铁等。其中，组号越大，则可选用越大的进给量和切削深度，而切削速度则应越小。

（3）K 类合金用于加工产生短切屑的黑色金属、有色金属及非金属材料，如铸铁、铝合金、铜合金、塑料、硬胶木等。其中，组号越大，则可选用越大的进给量和切削深度，而切削速度则应越小。

上述三类牌号的选择原则如表 4 - 1 所示。

表 4 - 1　　　　　　　　P、M、K 类合金切削用量的选择

	P01	P05	P10	P15	P20	P25	P30	P40	P50
	M10	M20	M30	M40					
	K01	K10	K20	K30	K40				
进给量				$\longrightarrow$					
背吃刀量				$\longrightarrow$					
切削速度				$\longleftarrow$					

各厂生产的硬质合金虽然有各自编制的牌号，但都有对应国际标准的分类号，选用十分方便。

4.1.8　铣削术语、单位和运行参数及主刀具主偏角

（1）铣削术语和单位。

d_c = 刀具直径（mm）　　　　　Z_n = 铣刀的总齿数（齿）

d_m = 刀具接口直径（mm）　　　f_z = 每齿进给率（mm/rev）

In = 转速　r. p. m　　　　　　　f_n = 每转进给率 mm/rev

ap = 切削深度（mm）　　　　　Z_c = 有效齿数（齿）

v_c = 切削速度（m/min）　　　　κ_r = 主偏角（度）

（2）运行参数通用公式。

切削速度（m/min）$v_c = \dfrac{\pi d_c n}{1000}$　主轴转速（r. p. m）$n = \dfrac{v_c 1000}{\pi d_c}$

进给速度（mm/min）$V_f = f_z * n * Z_n$　刀具中心进给率（mm/min）$v_{fl} = \sqrt{\dfrac{D2 - d}{D2}} * V_f$，

如图 4 - 11 所示。

每转进给率（mm）$f_n = \dfrac{v_f}{n * Z_n}$　　　　　进给速度（mm/min）$V_f = f_z * n * Z_n$

进给速度（mm/min）$V_f = v_z * n * Z_n$　刀具中心进给率（mm/min）$v_{fl} = \sqrt{\dfrac{D2 - d}{D2}} * V_f$，

如图 4 - 12 所示。

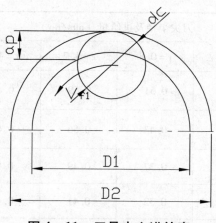

图 4 - 11　刀具中心进给率

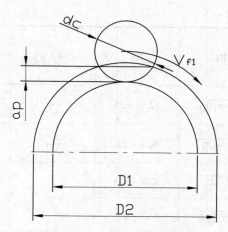

图 4 - 12　刀具中心进给率

（3）可供选用的标准刀具主偏角类型。

主偏角是由刀片和刀体形成的，主偏角影响切削厚度，切削力和刀具寿命在同样的进给率下增加主偏角，则会减小切削厚度，这是由于切削刃在更大的范围内与工件接触的原因。减小主偏角允许刀具逐渐切入或切出工件表面，这有利于减小径向抗力保护刀刃，并减少破损的概率，其负面影响是，会增加轴向抗力，并会在加工薄截面工件时在加工表面引起偏差。刀具主偏角的选择原则如表 4 - 2 所示。

表 4 - 2　　　　　　　　　　　　　**标准刀具可供选择主偏角**

主偏角，κ_r	进给量/齿，f_z	实际最大切削厚度，hex
90°	f_z	hex = f_z
75°	f_z	hex = $0.96 * f_z$
60°	f_z	hex = $0.86 * f_z$
45°	f_z	hex = $0.71 * f_z$
圆刀片	f_z	$hex = \sqrt{\dfrac{ic^2 * (ic - 2ap)^2}{ic}} * f_z$

$$R_{max} = \frac{f_n^2}{8r} * 1000,\ \mu m\quad r = 刀尖半径,\ mm\quad R_{max} = 残留面积高度,\ \mu m$$

$f_n = 每转进给,\ mm/rev$

4.1.9　表面粗糙度与刀尖半径、进给量之间的关系

表面粗糙度是质量的重要体现，尤其决定表面质量，表面粗糙度与刀尖半径、进给量之间的关系见表 4 - 3：

表 4 – 3

Rt	Ra	ISO 1302	刀尖半径及进给量（mm/rev）			
			r = 0.4	r = 0.8	r = 1.2	r = 1.2
$\sqrt{Rt100}$	12.5 – 25	$\overset{25}{\triangledown}$		0.51	0.69	0.88
$\sqrt{Rt63}$	6.3 – 25	$\overset{12.5}{\triangledown}$	0.27	0.43	0.56	0.68
$\sqrt{Rt40}$	4.9 – 6.3	$\overset{6.3}{\triangledown}$	0.25	0.37	0.49	0.57
$\sqrt{Rt31.5}$	4.0 – 4.9		0.22	0.32	0.41	0.47
$\sqrt{Rt25}$	2.5 – 4.0	$\overset{3.2}{\triangledown}$	0.20	0.28	0.36	0.39
$\sqrt{Rt16}$	1.6 – 2.5		0.15	0.22	0.29	0.31
$\sqrt{Rt10}$	1.0 – 1.6	$\overset{1.6}{\triangledown}$	0.10	0.13	0.18	0.20

4.2 数控铣削的工艺性分析

数控铣削加工工艺性分析是编程前的重要工艺准备工作之一，结合如图 4 – 13 所示注塑机模板粗加工，根据加工实践，数控铣削加工工艺分析所要解决的主要问题大致可归纳为以下几个方面。结合数控铣床特点充分发挥数控铣床的优势、兼顾各处尺寸公差，在编程计算时，改变轮廓尺寸并移动公差带，改为对称公差、统一内壁圆弧的尺寸、保证基准统一原则、考虑切削与定位夹紧对零件加工的变形纠正措施。

4.2.1 选择并确定数控铣削加工部位及工序内容

在选择数控铣削加工内容时，应充分发挥数控铣床的优势和关键作用。主要选择的加工内容有：

（1）工件上的曲线轮廓，特别是由数学表达式给出的非圆曲线与列表曲线等曲线轮廓，如图 4 – 14 所示的正弦曲线。

（2）已给出数学模型的空间曲面，如图 4 – 15 所示的球面。

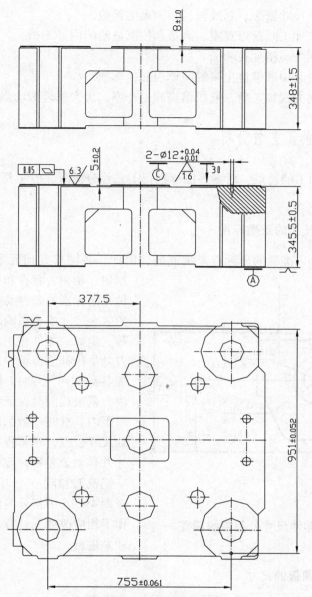

图 4 – 13　注塑机模板

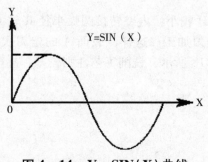

图 4 – 14　Y = SIN (X) 曲线

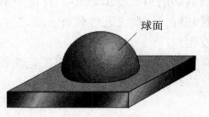

图 4 – 15　球面

（3）形状复杂、尺寸繁多、划线与检测困难的部位。

（4）用通用铣床加工时难以观察、测量和控制进给的内外凹槽。

（5）以尺寸协调的高精度孔和面。

（6）能在一次安装中顺带铣出来的简单表面或形状。

（7）用数控铣削方式加工后，能成倍提高生产率，大大减轻劳动强度的一般加工内容。

4.2.2 零件图样的工艺性分析

根据数控铣削加工的特点，对零件图样进行工艺性分析时，应主要分析与考虑以下一些问题。

4.2.2.1 零件图样尺寸的正确标注

由于加工程序是以准确的坐标点来编制的，因此，各图形几何元素间的相互关系（如相切、相交、垂直和平行等）应明确，各种几何元素的条件要充分，应无引起矛盾的多余尺寸或者影响工序安排的封闭尺寸等。例如，零件在用同一把铣刀、同一个刀具半径补偿值编程加工时，由于零件轮廓各处尺寸公差带不同，如在图4－16中，就很难同时保证各处尺寸在尺寸公差范围内。这时一般采取的方法是：兼顾各处尺寸公差，在编程计算时，改变轮廓尺寸并移动公差带，改为对称公差，采用同一把铣刀和同一个刀具半径补偿值加工，对图4－16中括号内的尺寸，其公差带均作了相应改变，计算与编程时用括号内尺寸来进行。

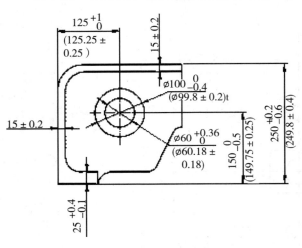

图4－16 零件尺寸公差带的调整

4.2.2.2 统一内壁圆弧的尺寸

加工轮廓上内壁圆弧的尺寸往往限制刀具的尺寸。

（1）内壁转接圆弧半径 R。

如图4－17所示，当工件的被加工轮廓高度 H 较小，内壁转接圆弧半径 R 较大时，则可采用刀具切削刃长度 L 较小，直径 D 较大的铣刀加工。这样，底面 A 的走刀次数较少，表面质量较好，因此工艺性较好。反之，如图4－18所示，铣削工艺性则较差，甚至有断刀的危险发生。

通常，当 R<0.2H 时，则属工艺性较差。

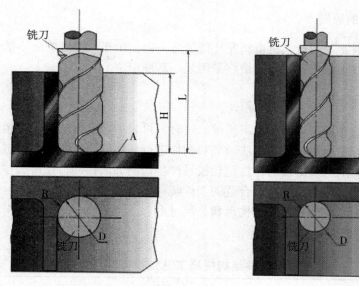

图 4 – 17　R 较大时　　　　　　　　图 4 – 18　R 较小时

（2）内壁与底面转接圆弧半径 r。

如图 4 – 19 所示，当铣刀直径 D 一定时，工件的内壁与底面转接圆弧半径 r 越小，铣刀与铣削平面接触的最大直径 $d = D - 2r$ 也越大，铣刀端刃铣削平面的面积越大，则加工平面的能力越强，因而铣削工艺性越好。反之，工艺性越差，如图 4 – 20 所示。

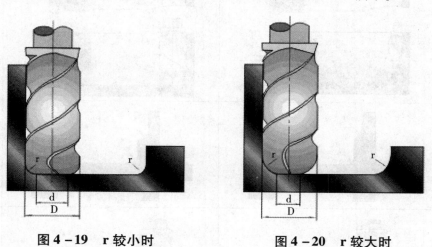

图 4 – 19　r 较小时　　　　　　　　图 4 – 20　r 较大时

当底面铣削面积大、转接圆弧半径 r 也较大时，只能先用一把 r 较小的铣刀加工，再用符合要求 r 的刀具加工，分两次完成切削。

总之，一个零件上内壁转接圆弧半径尺寸的大小和一致性，影响着加工能力、加工质量和换刀次数等。因此，转接圆弧半径尺寸大小要力求合理，半径尺寸尽可能一致，至少要力求半径尺寸分组靠拢，以改善铣削工艺性。

4.2.2.3　保证基准统一的原则

有些工件需要在铣削完一面后，再重新安装铣削另一面，由于数控铣削时不能使用通用铣床加工时常用的试切方法来接刀，因此最好采用统一基准定位。

4.2.2.4　分析零件的变形情况

铣削工件在加工时的变形，将影响加工质量。这时，可采用常规方法如粗、精加工分开及对称去余量法等，也可采用热处理的方法，如对钢件进行调质处理、对铸铝件进行退火处理等。在加工薄板时，切削力及薄板的弹性退让极易产生切削面的振动，使薄板厚度尺寸公差和表面粗糙度难以保证，这时，应考虑合适的工件装夹方式。

总之，加工工艺取决于产品零件的结构形状，尺寸和技术要求等。在表 4 - 4 中给出了改进零件结构提高工艺性的一些实例。

表 4 - 4　　　　　　　　　改进零件结构提高工艺性

提高工艺性方法	结构		结果
	改进前	改进后	
	铣　加　工		
改进内壁形状	$R_2 < (\frac{1}{5} \cdots \frac{1}{6}H)$　R_1　H	$R_2 > (\frac{1}{5} \cdots \frac{1}{6}H)$　R_1　H	可采用较高刚性刀具
统一圆弧尺寸	r_2　r_1　r_3　r_4	r　r　r	减少刀具数和更换刀具次数，减少辅助时间
选择合适的圆弧半径 R 和 r	r　R	r　ϕd　R	提高生产效率

提高工艺性方法	结　构		结果
	改进前	改进后	
铣　加　工			
用两面对称结构			减少编程时间，简化编程
合理改进凸台分布			减少加工劳动量
改进结构形状			减少加工劳动量
			减少加工劳动量
改进尺寸比例	$\dfrac{H}{b}>10$	$\dfrac{H}{b}\leqslant 10$	可用较高刚度刀具加工，提高生产率

续表

提高工艺性方法	结　　构		结果
	改进前	改进后	
铣　加　工			
在加工和不加工表面间加入过渡	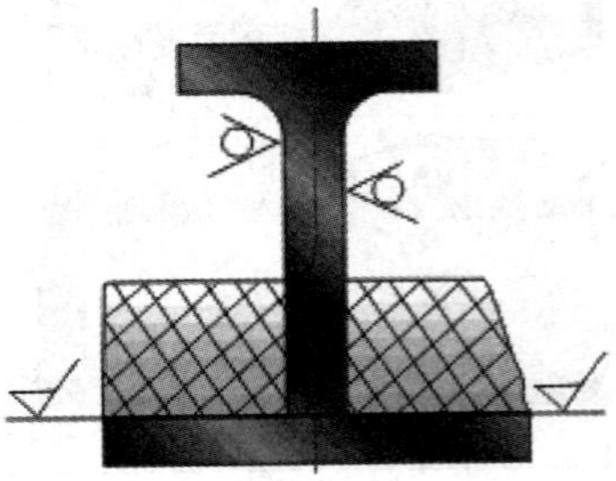	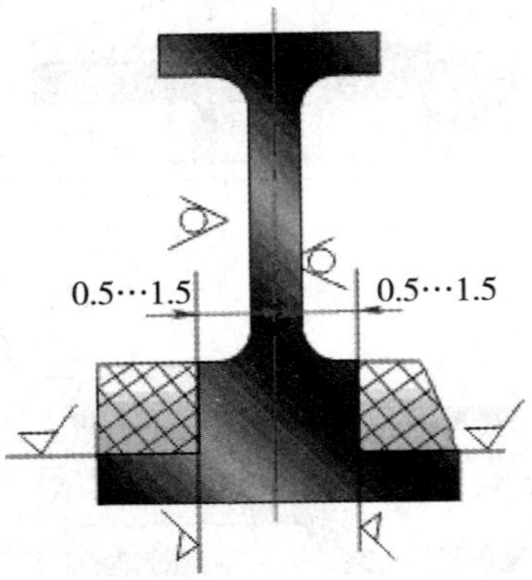 0.5…1.5　0.5…1.5	减少加工劳动量
改进零件几何形状	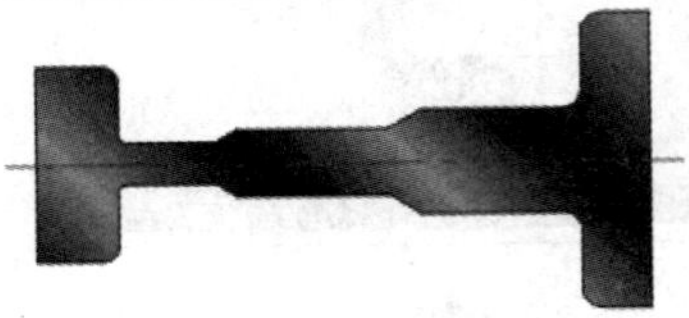	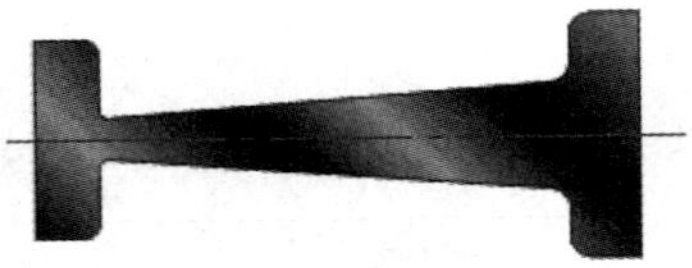	斜面筋代替阶梯筋，节约材料

4.3　零件的加工路线

加工零件的加工路线在保证产品质量与加工余量的前提下使路径最短。对于注塑机模板粗加工采用顺铣。

4.3.1　铣削轮廓表面

在铣削轮廓表面时一般采用立铣刀侧面刃口进行切削。对于二维轮廓加工，通常采用的加工路线为：

（1）从起刀点下刀到下刀点；

（2）沿切向切入工件；

（3）轮廓切削；

（4）刀具向上抬刀，退离工件；

（5）返回起刀点。

4.3.2　顺铣和逆铣对加工的影响

在铣削加工中，采用顺铣还是逆铣方式是影响加工表面粗糙度的重要因素之一。逆铣时切削力 F 的水平分力 F_x 的方向与进给运动 V_f 方向相反，顺铣时切削力 F 的水平分力 F_x 的方向与进给运动 V_f 的方向相同。铣削方式的选择应视零件图样的加工要求，工件材料的性质、特点以及机床、刀具等条件综合考虑。通常，由于数控机床传动采用滚珠丝杠结构，其进给传动间隙很小，顺铣的工艺性就优于逆铣。

　　如图 4-21a）所示为采用顺铣切削方式精铣外轮廓，图 4-21b）所示为采用逆铣切削方式精铣型腔轮廓，图 4-21c）所示为顺、逆铣时的切削区域。

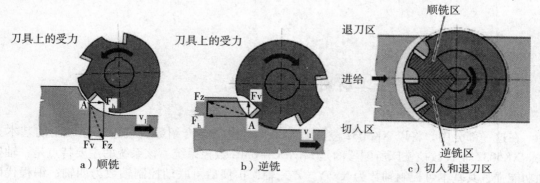

图 4-21　顺铣和逆铣切削方式

　　同时，为了降低表面粗糙度值，提高刀具耐用度，对于铝镁合金、钛合金和耐热合金等材料，尽量采用顺铣加工。但如果零件毛坯为黑色金属锻件或铸件，表皮硬而且余量一般较大，这时采用逆铣就较为合理。

第 5 章

数控铣床加工坐标系与特殊加工指令的分析

5.1 数控铣床程序手工编制的基本方法

在这一部分中，将以 XK5032 立式数控铣床为基础，介绍数控铣床程序编制的基本方法。XK5032 立式数控铣床所配置的是 FANUC – 0MC 数控系统。该系统的主要特点是：轴控制功能强，其基本可控制轴数为 X、Y、Z 三轴，扩展后可联动控制轴数为四轴；编程代码通用性强，编程方便，可靠性高。常用文字码及其含义见表 5 – 1。

表 5 –1　　　　　　　　　　常用文字码及其含义

功　能	文字码	含　义
程序号	O；ISO／；EIA	表示程序名代号（1～9999）
程序段号	N	表示程序段代号（1～9999）
准备机能	G	确定移动方式等准备功能
坐标字	X、Y、Z、A、C	坐标轴移动指令（±99999.999mm）
	R	圆弧半径（±99999.999mm）
	I、J、K	圆弧圆心坐标（±99999.999mm）
进给功能	F	表示进给速度（1～1000mm／min）
主轴功能	S	表示主轴转速（0～9999r／min）
刀具功能	T	表示刀具号（0～99）
辅助功能	M	冷却液开、关控制等辅助功能（0～99）
偏移号	H	表示偏移代号（0～99）
暂停	P、X	表示暂停时间（0～99999.999s）
子程序号及子程序调用次数	P	子程序的标定及子程序重复调用次数设定（1～9999）
宏程序变量	P、Q、R	变量代号

5.1.1　设置加工坐标系—G92

编程格式：G92 X ~ Y ~ Z ~ ;

G92 指令是将加工原点设定在相对于刀具起始点的某一空间点上。若程序格式为：

G92 X a Y b Z c

则将加工原点设定到距刀具起始点距离为 X = − a，Y = − b，Z = − c 的位置上。

【例】G92 X20 Y10 Z10

其确立的加工原点在距离刀具起始点 X = − 20，Y = − 10，Z = − 10 的位置上，如图 5 − 1 所示。

5.1.2　选择机床坐标系—G53

编程格式：G53 G90 X ~ Y ~ Z ~ ;

G53 指令使刀具快速定位到机床坐标系中的指定位置上，其中 X、Y、Z 后的值为机床坐标系中的坐标值，其尺寸均为负值。

【例】G53 G90 X − 100 Y − 100 Z − 20

则执行后刀具在机床坐标系中的位置如图 5 − 2 所示。

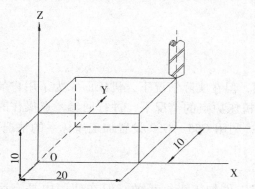

图 5 − 1　G92 设置加工坐标系

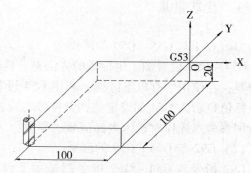

图 5 − 2　G53 选择机床坐标系

5.1.3　选择 1 ~ 6 号加工坐标系—G54、G55、G56、G57、G58、G59

这些指令可以分别用来选择相应的加工坐标系。

编程格式：G54 G90 G00（G01）X ~ Y ~ Z ~ （F ~ ）;

该指令执行后，所有坐标值指定的坐标尺寸都是选定的工件加工坐标系中的位置。1 ~ 6 号工件加工坐标系是通过 CRT/MDI 方式设置的。

【例】在图 5 − 3 中，用 CRT/MDI 在参数设置方式下设置了两个加工坐标系：

G54：X − 50　Y − 50 Z − 10

G55：X − 100　Y − 100　Z − 20

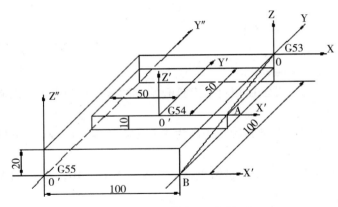

图 5-3 设置加工坐标系

这时，建立了原点在 O′ 的 G54 加工坐标系和原点在 O″ 的 G55 加工坐标系。若执行下述程序段：

N10 G53 G90 X0 Y0 Z0；

N20 G54 G90 G01 X50. Y0 Z0 F100；

　　N30 G55 G90 G01 X100. Y0 Z0 F100；

则刀尖点的运动轨迹如图 5-3 中 OAB 所示。

5.1.4 注意事项

（1）G54 与 G55～G59 的区别。

G54～G59 设置加工坐标系的方法是一样的，但在实际情况下，机床厂家为了用户的不同需要，在使用中有以下区别：利用 G54 设置机床原点的情况下，进行回参考点操作时机床坐标值显示为 G54 的设定值，且符号均为正；利用 G55～G59 设置加工坐标系的情况下，进行回参考点操作时机床坐标值显示零值。

（2）G92 与 G54～G59 的区别。

G92 指令与 G54～G59 指令都是用于设定工件加工坐标系的，但在使用中是有区别的。G92 指令是通过程序来设定、选用加工坐标系的，它所设定的加工坐标系原点与当前刀具所在的位置有关，这一加工原点在机床坐标系中的位置是随当前刀具位置的不同而改变的。

（3）G54～G59 的修改。

G54～G59 指令是通过 MDI 在设置参数方式下设定工件加工坐标系的，一旦设定，加工原点在机床坐标系中的位置是不变的，它与刀具的当前位置无关，除非再通过 MDI 方式修改。

（4）应用范围。

本课程所例加工坐标系的设置方法，仅是 FANUC 系统中常用的方法之一，其余不一一列举。其他数控系统的设置方法应按随机说明书执行。

5.1.5 常见错误

当执行程序段"G92 X 10. Y 10. ;"时，常会认为是刀具在运行程序后到达 X 10 Y 10 点上。其实，G92 指令程序段只是设定加工坐标系，并不产生任何动作，这时刀具已在加工坐标系中的 X10. Y10. 点上。

G54～G59 指令程序段可以和 G00、G01 指令组合，如 G54 G90 G01 X 10 Y10 时，运动部件在选定的加工坐标系中进行移动。在程序段运行后，无论刀具当前点在哪里，它都会移动到加工坐标系中的 X 10. Y 10. 点上。

5.2 刀具半径补偿功能 G40、G41、G42

数控机床在实际加工过程中是通过控制刀具中心轨迹来实现切削加工任务的。在编程过程中，为了避免复杂的数值计算，一般按零件的实际轮廓来编写数控程序，但刀具具有一定的半径尺寸，如果不考虑刀具半径尺寸，那么加工出来的实际轮廓就会与图纸所要求的轮廓相差一个刀具半径值。因此，采用刀具半径补偿功能来解决这一问题。

5.2.1 半径补偿功能的定义及编程格式

刀具半径补偿功能的定义及编程格式在本书前面已讨论过，这里不详述。在针对具体零件编程中，要注意正确选择 G41、G42，以保证顺铣和逆铣的加工要求。

5.2.2 刀具半径补偿设置方法

（1）参数设置。

在机床控制面板上，按 OFFSET 键，进入 WEAR 界面，在所指定的寄存器号内输入刀具半径值即可。

（2）宏指令。

用宏指令设定。以 φ20 的刀具为例，其设定程序为：

G65 H01 P #100 Q10

G01 G41/G42 X ～ Y ～ H #100（D#100）F ～；

……

5.2.3 应用举例

使用半径为 R5mm 的刀具加工如图 5－4 所示的零件。

加工深度为 5mm，加工程序编制如下：

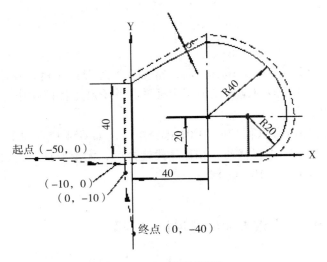

图 5 – 4 零件图样

```
O10
G55 G90 G01 Z40. F2000;          //进入 2 号加工坐标系
M03 S500;                        //主轴启动
G01 X – 50. Y0;                  //到达 X, Y 坐标起始点
G01 Z – 5. F100;                 //到达 Z 坐标起始点
G01 G42 X – 10. Y0 H01;          //建立右偏刀具半径补偿
G01 X60. Y0;                     //切入轮廓
G03 X80. Y20. R20.;              //切削轮廓
G03 X40. Y60. R40.;              //切削轮廓
G01 X0 Y40.;                     //切削轮廓
G01 X0 Y – 10.;                  //切出轮廓
G01 G40 X0 Y – 40.;              //撤消刀具半径补偿
G01 Z40. F2000;                  //Z 坐标退刀
M05;                             //主轴停
M30;                             //程序停
```
设置 G55：X = – 400，Y = – 150，Z = – 50；H01 = 5。

5.3 坐标系旋转功能 G68、G69

该指令可使编程图形按照指定旋转中心及旋转方向旋转一定的角度，G68 表示开始坐标系旋转，G69 用于撤销旋转功能。

5.3.1 基本编程方法

编程格式：

G68 X ~ Y ~ R ~ ；

······

G69

其中：X、Y——旋转中心的坐标值（可以是 X、Y、Z 中的任意两个，它们由当前平面选择指令 G17、G18、G19 中的一个确定）。当 X、Y 省略时，G68 指令认为当前的位置即为旋转中心。R——旋转角度，逆时针旋转定义为正方向，顺时针旋转定义为负方向。

当程序在绝对方式下时，G68 程序段后的第一个程序段必须使用绝对方式移动指令，才能确定旋转中心。如果这一程序段为增量方式移动指令，那么系统将以当前位置为旋转中心，按 G68 给定的角度旋转坐标。现以图 5 - 5 为例，应用旋转指令的程序为：

N10 G92 X - 5. Y - 5. ；   //建立图 5 - 5 所示的加工坐标系

N20 G68 G90 X7. Y3. R60. ；   //开始以点（7，3）为旋转中心，逆时针旋转 60°的旋转

N30 G90 G01 X0 Y0 F200；   //按原加工坐标系描述运动，到达（0，0）点

（G91 X5. Y5.）   //若按括号内程序段运行，将以（- 5，- 5）的当前点为旋转中心旋转 60°

N40 G91 X10. ；   //X 向进给到（10，0）

N50 G02 Y10. R10. ；   //顺圆进给

N60 G03 X - 10. I - 5. J - 5. ； //逆圆进给

N70 G01 Y - 10. ；   //回到（0，0）点

N80 G69 G90 X - 5. Y - 5. ；   //撤销旋转功能，回到（- 5，- 5）点

M02；   //结束

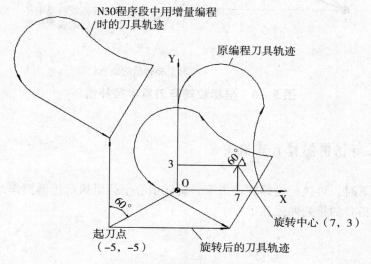

图 5 - 5 坐标系的旋转

5.3.2 坐标系旋转功能与刀具半径补偿功能的关系

旋转平面一定要包含在刀具半径补偿平面内。以图 5 – 6 为例：

N10 G92 X0 Y0 ;

N20 G68G90 X10. Y10. R – 30. ;

N30 G90 G42 G00 X10. Y10. F100 H01 ;

N40 G91 X20. ;

N50 G03 Y10. I – 10. J 5. ;

N60 G01 X – 20. ;

N70 Y – 10. ;

N80 G40 G90 X0 Y0 ;

N90 G69 M30 ;

当选用半径为 R5 的立铣刀时，设置：H01 = 5。

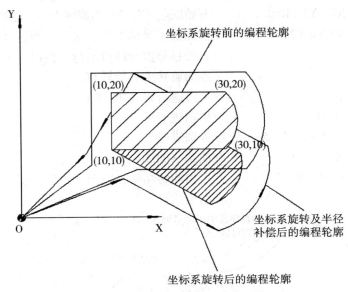

图 5 – 6　坐标旋转与刀具半径补偿

5.3.3 坐标系与比例编程方式的关系

在比例模式下时，再执行坐标旋转指令，旋转中心坐标也执行比例操作，但旋转角度不受影响，这时各指令的排列顺序如下：

G51…… …

G68…… …

G41/G42…… …

G40…… …

G69··· ···

G50··· ···

5.4 子程序调用

在编程时，为了简化程序的编制，当一个工件上有相同的加工内容时，常用调子程序的方法进行编程。调用子程序的程序叫作主程序。子程序的编号与一般程序基本相同，只是程序结束字为 M99 表示子程序结束，并返回到调用子程序的主程序中。

调用子程序的编程格式　M98 P ~ ；

其中，

P 表示子程序调用情况。P 后共有 8 位数字，前四位为调用次数，省略时为调用一次；后四位为所调用的子程序号。

【例】如图 5 – 7 所示，在一块平板上加工 6 个边长为 10mm 的等边三角形，每边的槽深为 – 2mm，工件上表面为 Z 向零点。其程序的编制就可以采用调用子程序的方式来实现（编程时不考虑刀具补偿）。

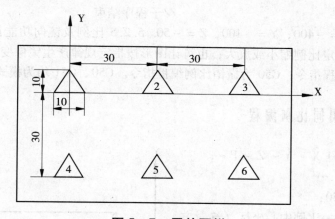

图 5 – 7 零件图样

主程序：

O1000

N10 G54 G90 G01 Z40 F2000；　　　//进入工件加工坐标系

N20 M03 S800；　　　　　　　　　//主轴启动

N30 G00 Z3. ；　　　　　　　　　//快进到工件表面上方

N40 G01 X 0 Y8. 66；　　　　　　//到 1#三角形上顶点

N50 M98 P20；　　　　　　　　　//调 20 号切削子程序切削三角形

N60 G90 G01 X30. Y8. 66；　　　//到 2#三角形上顶点

N70 M98 P20；　　　　　　　　　//调 20 号切削子程序切削三角形

N80 G90 G01 X60. Y8. 66；　　　//到 3#三角形上顶点

N90 M98 P20；　　　　　　　　　//调 20 号切削子程序切削三角形

N100 G90 G01 X 0 Y －21.34；   //到4#三角形上顶点

N110 M98 P20；   //调20号切削子程序切削三角形

N120 G90 G01 X30. Y －21.34   //到5#三角形上顶点

N130 M98 P20；   //调20号切削子程序切削三角形

N140 G90 G01 X60. Y －21.34；   //到6#三角形上顶点

N150 M98 P20；   //调20号切削子程序切削三角形

N160 G90 G01 Z40. F2000；   //抬刀

N170 M05；   //主轴停

N180 M30；   //程序结束

子程序：

O2000

N10 G91 G01 Z－2. F100；   //在三角形上顶点切入（深）2mm

N20 G01 X－5. Y－8.66；   //切削三角形

N30 G01 X10 Y0；   //切削三角形

N40 G01 X5. Y8.66；   //切削三角形

N50 G01 Z5. F2000；   //抬刀

N60 M99；   //子程序结束

设置G54：X = －400，Y = －100，Z = －50. 5.2.5 比例及镜向功能比例及镜向功能可使原编程尺寸按指定比例缩小或放大；也可让图形按指定规律产生镜像变换。

G51为比例编程指令；G50为撤销比例编程指令。G50、G51均为模式G代码。

5.4.1 各轴按相同比例编程

编程格式：G51 X ~ Y ~ Z ~ P ~；
    …… ……
    G50；

其中，X、Y、Z——比例中心坐标（绝对方式）；P——比例系数，最小输入量为0.001，比例系数的范围为：0.001 ~ 999.999。该指令以后的移动指令，从比例中心点开始，实际移动量为原数值的P倍。P值对偏移量无影响。

例如，在图5－8中，P1 ~ P4为原编程图形，P1′ ~ P4′为比例编程后的图形，P0为比例中心。

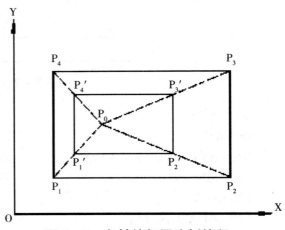

图5－8 各轴按相同比例编程

5.4.2 各轴以不同比例编程

各个轴可以按不同比例来缩小或放大，当给定的比例系数为－1时，可获得镜像加工功能。

编程格式：G51 X ~ Y ~ Z ~ I ~ J ~ K ~ ；
　　　　　…　…
　　　　　G50

其中，X、Y、Z 为比例中心坐标；I、J、K 为对应 X、Y、Z 轴的比例系数，在 ± 0.001 ~ ± 9.999 范围内，本系统设定 I、J、K 不能带小数点，比例为 1 时，应输入 1000，并在程序中都应输入，不能省略。比例系数与图形的关系见图 5 − 9 其中：b/a：X 轴系数；d/c：Y 轴系数；O：比例中心。

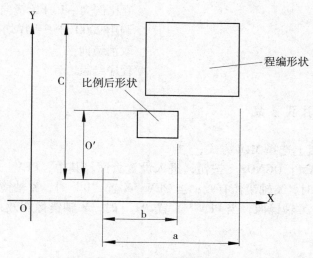

图 5 − 9　各轴以不同比例编程

5.4.3　镜像功能

再举一例来说明镜像功能的应用。见图 5 − 10，其中槽深为 2mm，比例系数取为 + 1000 或 − 1000。设刀具起始点在 O 点，程序如下：

子程序：O 9000

N10 G00 X60 Y60；　　　//到三角形左顶点

N20 G01 Z − 2. F100；　　//切入工件

N30 G01 X100. Y60. ；　　//切削三角形一边

N40 X100. Y100. ；　　　//切削三角形第二边

N50 X60. Y60. ；　　　　//切削三角形第三边

N60 G00 Z4. ；　　　　　//向上抬刀

N70 M99　　　　　　　//子程序结束

主程序：O 100

N10 G92 X0 Y0Z10. ；　　//建立加工坐标系

N20 G90　　　　　　　//选择绝对方式

N30 M98 P9000　　　　　　　　　//调用 9000 号子程序切削 1#三角形

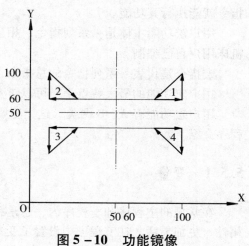

图 5 − 10　功能镜像

N40 G51 X50. Y50. I-1000. J1000. ;　　　//以 X50 Y50 为比例中心，以 X 比例为 -1、
　　　　　　　　　　　　　　　　　　　　　　　 Y 比例为 +1 开始镜向

N50 M98 P9000　　　　　　　　　　　　　//调用 9000 号子程序切削 2#三角形

N60 G51 X50. Y50. I-1000. J-1000. ;　　//以 X50 Y50 为比例中心，以 X 比例为 -1、
　　　　　　　　　　　　　　　　　　　　　　　 Y 比例为 -1 开始镜向

N70 M98 P9000　　　　　　　　　　　　　//调用 9000 号子程序切削 3#三角形

N80 G51 X50. Y50. I1000. J-1000.　　　 //以 X50 Y50 为比例中心，以 X 比例为 +1、
　　　　　　　　　　　　　　　　　　　　　　　 Y 比例为 -1 开始镜向

N90 M98 P9000　　　　　　　　　　　　　//调用 9000 号子程序切削 4#三角形

N100 G50　　　　　　　　　　　　　　　　//取消镜向

N110 M30　　　　　　　　　　　　　　　　//程序结束

5.4.4　设定比例方式参数

（1）在操作面板上选择 MDI 方式；

（2）按下 PARAM　DGNOS　按钮，进入设置页面，其中，PEV　X 为设定 X 轴镜像，当 PEV　X 置"1"时，X 轴镜像有效；当 PEV　X 置"0"时，X 轴镜像无效。

PEV　Y 为设定 Y 轴镜像，当 PEV　Y 置"1"时，Y 轴镜像有效；当 PEV　Y 置"0"时，Y 轴镜像无效。

5.5　A 类宏功能应用

用户宏功能是提高数控机床性能的一种特殊功能。在使用中，通常把能完成某一功能的一系列指令像子程序一样存入存储器，然后用一个总指令代表它们，使用时只需给出这个总指令就能执行其功能。

用户宏功能主体是一系列指令，相当于子程序体。既可以由机床生产厂提供，也可以由机床用户自己编制。

宏指令是代表一系列指令的总指令，相当于子程序调用指令。

用户宏功能的最大特点是：可以对变量进行运算，使程序应用更加灵活、方便。

用户宏功能有 A、B 两类。这里主要介绍 A 类宏功能，B 类宏功能请参见本书的 B 类宏程序介绍。

5.5.1　变量

在常规的主程序和子程序内，总是将一个具体的数值赋给一个地址。为了使程序更具通用性、更加灵活，在宏程序中设置了变量，即将变量赋给一个地址。

5.5.1.1　变量的表示

变量可以用"#"号和跟随其后的变量序号来表示：#i（i = 1，2，3，…，)

【例】#5，#109，#501

（1）变量的引用。

将跟随在一个地址后的数值用一个变量来代替，即引入了变量。

【例】对于 F#103，若#103 = 50，则为 F50；

对于 Z − #110，若#110 = 100，则 Z 为 − 100；

对于 G#130，若#130 = 3，则为 G03。

（2）变量的类型。

0MC 系统的变量分为公共变量和系统变量两类。

a. 公共变量。

公共变量是在主程序和主程序调用的各用户宏程序内公用的变量。也就是说，在一个宏指令中的#i 与在另一个宏指令中的#i 是相同的。

公共变量的序号为：#100 ~ #131；#500 ~ #531。其中，#100 ~ #131 公共变量在电源断电后即清零，重新开机时被设置为"0"；#500 ~ #531 公共变量即使断电后，它们的值也保持不变，因此也称为保持型变量。

b. 系统变量。

系统变量定义为：有固定用途的变量，它的值决定系统的状态。系统变量包括刀具偏置变量、接口的输入/输出信号变量、位置信息变量等。

系统变量的序号与系统的某种状态有严格的对应关系。例如，刀具偏置变量序号为#01 ~ #99，这些值可以用变量替换的方法加以改变，在序号 1 ~ 99 中，不用作刀偏量的变量可用作保持型公共变量#500 ~ #531。

接口输入信号#1000 ~ #1015，#1032。通过阅读这些系统变量，可以知道各输入口的情况。当变量值为"1"时，说明接点闭合；当变量值为"0"时，表明接点断开。这些变量的数值不能被替换。阅读变量#1032，所有输入信号一次读入。

5.5.1.2 宏指令 G65

宏指令 G65 可以实现丰富的宏功能，包括算术运算、逻辑运算等处理功能。

一般形式：G65 Hm P#i Q#j R#k；

其中，

m 为宏程序功能，数值范围 01 ~ 99；

#i 为运算结果存放处的变量名；

#j 为被操作的第一个变量，也可以是一个常数；

#k 为被操作的第二个变量，也可以是一个常数。

例如，当程序功能为加法运算时：

程序　P#100 Q#101 R#102......　　　含义为#100 = #101 + #102

程序　P#100 Q − #101 R#102......　含义为#100 = − #101 + #102

程序　P#100 Q#101 R15......　　　　含义为#100 = #101 + 15

5.5.1.3 宏功能指令

（1）算术运算指令。

算术运算指令如表 5 - 2 所示。

表 5 - 2 算术运算指令

G 码	H 码	功　能	定　义
G65	H01	定义，替换	$\#i = \#j$
G65	H02	加	$\#i = \#j + \#k$
G65	H03	减	$\#i = \#j - \#k$
G65	H04	乘	$\#i = \#j \times \#k$
G65	H05	除	$\#i = \#j/\#k$
G65	H21	平方根	$\#i = \sqrt{\#j}$
G65	H22	绝对值	$\#i = |\#j|$
G65	H23	求余	$\#i = \#j - trunc\,(\#j/\#k) \cdot \#k$
			Trunc；丢弃小于 1 的分数部分
G65	H24	BCD 码→二进制码	$\#i = BIN\,(\#j)$
G65	H25	二进制码→BCD 码	$\#i = BCD\,(\#j)$
G65	H26	复合乘/除	$\#i = (\#i \times \#j) \div \#k$
G65	H27	复合平方根 1	$\#i = \sqrt{\#j^2 + \#k^2}$
G65	H28	复合平方根 2	$\#i = \sqrt{\#j^2 - \#k^2}$

a. 变量的定义和替换 #i = #j。

编程格式 G65 H01 P#i Q#j；

【例】 G65 H01 P#101 Q1005；（#101 = 1005）

G65 H01 P#101 Q - #112；（#101 = - #112）

b. 加法 #i = #j + #k。

编程格式 G65 H02 P#i Q#j R#k；

【例】 G65 H02 P#101 Q#102 R#103；（#101 = #102 + #103）

c. 减法 #i = #j - #k。

编程格式 G65 H03 P#i Q#j R#k；

【例】 G65 H03 P#101 Q#102 R#103；（#101 = #102 - #103）

d. 乘法 #i = #j × #k。

编程格式 G65 H04 P#i Q#j R#k；

【例】 G65 H04 P#101 Q#102 R#103；（#101 = #102 × #103）

e. 除法 #i = #j/#k。

编程格式 G65 H05 P#i Q#j R#k；

【例】 G65 H05 P#101 Q#102 R#103；（#101 = #102/#103）

f. 平方根 #i = $\sqrt{\#j}$。

编程格式 G65 H21 P#i Q#j；

【例】 G65 H21 P#101 Q#102；（#101 = $\sqrt{\#102}$）

g. 绝对值 #i = |#j|。

编程格式 G65 H22 P#i Q#j；

【例】G65 H22 P#101 Q#102；（#101 = ｜#102｜）

h. 复合平方根 1 $\#i = \sqrt{\#j^2 + \#k^2}$。

编程格式 G65 H27 P#i Q#j R#k；

【例】G65 H27 P#101 Q#102 R#103；（$\#101 = \sqrt{\#102^2 + \#103^2}$

i. 复合平方根 2 $\#i = \sqrt{\#j^2 - \#k^2}$。

编程格式 G65 H28 P#i Q#j R#k；

【例】G65 H28 P#101 Q#102 R#103 （$\#101 = \sqrt{\#102^2 - \#103^2}$

（2）逻辑运算指令。

逻辑运算指令如表 5 - 3 所示。

表 5 - 3　　　　　　　　　　　逻辑运算指令

G 码	H 码	功　能	定　义
G65	H11	逻辑 "或"	#i = #j · OR · #k
G65	H12	逻辑 "与"	#i = #j · AND · #k
G65	H13	异或	#i = #j · XOR · #k

a. 逻辑或 #i = #j OR #k。

编程格式 G65 H11 P#i Q#j R#k；

【例】G65 H11 P#101 Q#102 R#103；（#101 = #102 OR #103）

b. 逻辑与 #i = #j AND #k。

编程格式 G65 H12 P#i Q#j R#k；

【例】G65 H12 P#101 Q#102 R#103；（#101 = #102 AND #103）

（3）三角函数指令。

三角函数指令如表 5 - 4 所示。

表 5 - 4　　　　　　　　　　　三角函数指令

G 码	H 码	功　能	定　义
G65	H31	正弦	#i = #j · SIN（#k）
G65	H32	余弦	#i = #j · COS（#k）
G65	H33	正切	#i = #j · TAN（#k）
G65	H34	反正切	#i = ATAN（#j/#k）

a. 正弦函数 #i = #j × SIN（#k）。

编程格式 G65 H31 P#i Q#j R#k（单位：度）；

【例】G65 H31 P#101 Q#102 R#103；（#101 = #102 × SIN（#103））

b. 余弦函数 #i = #j × COS（#k）。

编程格式 G65 H32 P#i Q#j R#k（单位：度）；

【例】G65 H32 P#101 Q#102 R#103；（#101 = #102 × COS（#103））

c. 正切函数 #i = #j × TAN#k。

编程格式 G65 H33 P#i Q#j R#k（单位：度）;

【例】 G65 H33 P#101 Q#102 R#103;（#101 = #102 × TAN（#103））

d. 反正切 #i = ATAN（#j/#k）。

编程格式 G65 H34 P#i Q#j R#k（单位：度，$0° \leqslant$ #j $\leqslant 360°$）;

【例】 G65 H34 P#101 Q#102 R#103;（#101 = ATAN（#102/#103））

（4）控制类指令。

控制类指令如表 5 - 5 所示。

表 5 - 5
控制类指令

G 码	H 码	功　能	定　义
G65	H80	无条件转移	GO TO n
G65	H81	条件转移 1	IF #j = #k, GOTOn
G65	H82	条件转移 2	IF #j ≠ #k, GOTOn
G65	H83	条件转移 3	IF #j > #k, GOTOn
G65	H84	条件转移 4	IF #j < #k, GOTOn
G65	H85	条件转移 5	IF #j ≥ #k, GOTOn
G65	H86	条件转移 6	IF #j ≤ #k, GOTOn
G65	H99	产生 PS 报警	PS 报警号 500 + n 出现

a. 无条件转移。

编程格式 G65 H80 Pn（n 为程序段号）;

【例】 G65 H80 P120;（转移到 N120）

b. 条件转移 1 #j EQ #k（=）。

编程格式 G65 H81 Pn Q#j R#k（n 为程序段号）;

【例】 G65 H81 P1000 Q#101 R#102

当#101 = #102，转移到 N1000 程序段；若#101 ≠ #102，执行下一程序段。

c. 条件转移 2 #j NE #k（≠）。

编程格式 G65 H82 Pn Q#j R#k（n 为程序段号）;

【例】 G65 H82 P1000 Q#101 R#102

当#101 ≠ #102，转移到 N1000 程序段；若#101 = #102，执行下一程序段。

d. 条件转移 3 #j GT #k（>）。

编程格式 G65 H83 Pn Q#j R#k（n 为程序段号）;

【例】 G65 H83 P1000 Q#101 R#102

当#101 > #102，转移到 N1000 程序段；若#101 ≤ #102，执行下一程序段。

e. 条件转移 4 #j LT #k（<）。

编程格式 G65 H84 Pn Q#j R#k（n 为程序段号）;

【例】 G65 H84 P1000 Q#101 R#102

当#101 < #102，转移到 N1000；若#101 ≥ #102，执行下一程序段。

f. 条件转移 5 #j GE #k（≥）。

编程格式 G65 H85 Pn Q#j R#k（n 为程序段号）；

【例】G65 H85 P1000 Q#101 R#102

当 #101 ≥ #102，转移到 N1000；若 #101 < #102，执行下一程序段。

g. 条件转移 6 #j LE #k（≤）。

编程格式 G65 H86 Pn Q#j Q#k（n 为程序段号）；

【例】G65 H86 P1000 Q#101 R#102

当 #101 ≤ #102，转移到 N1000；若 #101 > #102，执行下一程序段。

5.5.1.4 使用注意

为保证宏程序的正常运行，在使用用户宏程序的过程中，应注意以下几点：

（1）由 G65 规定的 H 码不影响偏移量的任何选择。

（2）如果用于各算术运算的 Q 或 R 未被指定，则作为 0 处理。

（3）在分支转移目标地址中，如果序号为正值，则检索过程是先向大程序号查找；如果序号为负值，则检索过程是先向小程序号查找。

（4）转移目标序号可以是变量。

5.5.1.5 用户宏程序应用举例

【例 1】用宏程序和子程序功能顺序加工圆周等分孔。设圆心在 O 点，它在机床坐标系中的坐标为 (X_0, Y_0)，在半径为 r 的圆周上均匀地钻几个等分孔，起始角度为 α，孔数为 n。以零件上表面为 Z 向零点，如图 5-11 所示。

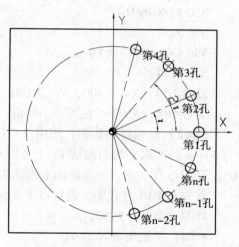

图 5-11 等分孔计算方法

使用以下保持型变量：

#502：半径 r；

#503：起始角度 α；

#504：孔数 n，当 n>0 时，按逆时针方向加工，当 n<0 时，按顺时针方向加工；

#505：孔底 Z 坐标值；

#506：R 平面 Z 坐标值；

#507：F 进给量。

使用以下变量进行操作运算：

#100：表示第 i 步钻第 i 孔的计数器；

#101：计数器的最终值（为 n 的绝对值）；

#102：第 i 个孔的角度位置 θ_i 的值；

#103：第 i 个孔的 X 坐标值；

#104：第 i 个孔的 Y 坐标值；

用用户宏程序编制的钻孔子程序如下：

O9010

N110 G65 H01 P#100 Q0   //#100 = 0

```
N120 G65 H22 P#101 Q#504          //#101 = |#504|
N130 G65 H04 P#102 Q#100 R360     //#102 = #100×360°
N140 G65 H05 P#102 Q#102 R#504    //#102 = #102/#504
N150 G65 H02 P#102 Q#503 R#102    //#102 = #503 + #102 当前孔角度位置 θᵢ = α +
                                    //  (360°×i)/n

N160 G65 H32 P#103 Q#502 R#102    //#103 = #502×COS（#102）当前孔的 X 坐标
N170 G65 H31 P#104 Q#502 R#102    //#104 = #502×SIN（#102）当前孔的 Y 坐标
N180 G90 G00 X#103 Y#104          //定位到当前孔（返回开始平面）
N190 G00 Z#506                    //快速进到 R 平面
N200 G01 Z#505 F#507              //加工当前孔
N210 G00 Z#506                    //快速退到 R 平面
N220 G65 H02 P#100 Q#100 R1       //#100 = #100 +1 孔计数
N230 G65 H84 P -130 Q#100 R#101   //当#100 < #101 时，向上返回到 130 程序段
N240 M99                          //子程序结束
```

调用上述子程序的主程序如下：

```
O0010
N10 G54 G90 G00 X0 Y0 Z20         //进入加工坐标系
N20 M98 P9010                     //调用钻孔子程序，加工圆周等分孔
N30 Z20                           //抬刀
N40 G00 G90 X0 Y0                 //返回加工坐标系零点
N50 M30                           //程序结束
```

设置 G54：X = -400，Y = -100，Z = -50。

变量#500 ~ #507 可在程序中赋值，也可由 MDI 方式设定。

【例 2】根据以下数据，用用户宏程序功能加工圆周等分孔。如图 5 - 12 所示。在半径为 50mm 的圆周上均匀地钻 14 个 φ10 的等分孔（见图 5 - 13），第一个孔的起始点角度为 0°，设圆心为 O 点，以零件的上表面为 Z 向零点。

首先在 MDI 方式中，设定以下变量的值：

#502：半径 r 为 50；

#503：起始角度 α 为 0；

#504：孔数 n 为 14；

#505：孔底 Z 坐标值为 -20；

#506：R 平面 Z 坐标值为 5；

#507：F 进给量为 50。

加工程序为：

```
O6100
N10 G54 G90 G00 X0 Y0 Z20
N20 M98 P9010
N30 G00 G90 X0 Y0
N40 Z20
```

N50 M30

设置 G54：X = - 400，Y = - 100，Z = - 50。

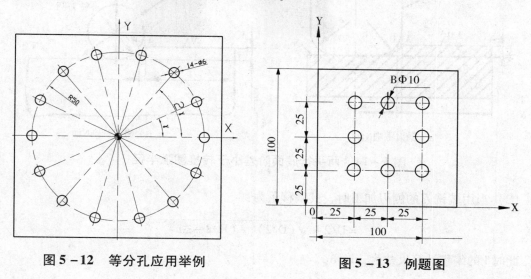

图 5 - 12　等分孔应用举例　　　　　　　　图 5 - 13　例题图

5.6　图形的数学处理

在程序编制前，对由直线、圆弧组成的平面轮廓进行铣削，所需的数学处理一般较简单，但由于某些工艺条件限制，也会产生一些特殊情况需要处理。非圆曲线、空间曲线和曲面的轮廓铣削加工的数学处理比较复杂，这一部分将主要研究轮廓的数学处理问题。

5.6.1　两平行铣削平面的数学处理

在实际工作中，常会遇到这种情况，零件图样中某些部分看起来是一条简单的直线轮廓，但由于铣削方法或铣削刀具等问题会使按零件图样尺寸计算与编程的加工结果达不到设计要求。这时，必须根据加工的具体条件进行教学处理。

两平行铣削平面的阶差小于底部转接圆弧半径时，如图 5 - 14 所示，M 和 N 是两平行铣削面，但其阶差 Δh 小于底部转接圆弧半径 r，此时若用端铣刀的底刃加工平面（图 a 底刃铣削 N 面），按图中尺寸 l 编程，实际加工结果，只切削至 B 点而保证不了尺寸 l；若用端铣刀的侧刃加工平面（图 b 侧刃铣削 N 面），也只能铣削至 B 点位置，也保证不了尺寸 l。所以，必须对图形进行偏移处理（或改变刀具运动轨迹），其方法如下：

对于上述平行铣削面，因阶差 Δh 为定值，很容易得到下列偏移计算公式。

（1）当用端铣刀的底刃加工时，其偏移量为：

$$\delta = r - \sqrt{r^2 - (r - \Delta h)^2}$$

此时 l 的编程计算尺寸为：$l - \delta_{底}$。

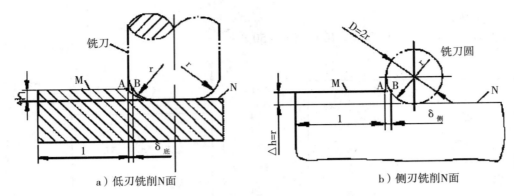

a）低刃铣削N面　　　　　　　　b）侧刃铣削N面

图 5－14　两平行底面阶差小于转接圆弧半径

（2）当用端铣刀的侧刃加工时，其偏移量为：

$$\delta_{侧} = D/2 - \sqrt{(D/2)^2 - (D/2 - \Delta h)^2}$$

此时 l 的编程计算尺寸为：$l - \delta_{底}$。

5.6.2　两相交铣削平面的数学处理

当两相交铣削平面的阶差小于底部转接圆弧半径时，相交铣削平面的情况比上述平行铣削面的情况要复杂一些，因为其差 Δh 不再是定值，而是变量。一般来说，在 r 较小而两平面间夹角也很小的情况下，在加工允差范围内按原图编程加工也是可以的。但在 r 较大而两平面夹角也较大的情况下，若不进行适当的偏移处理，就会产生如图 5－15a）那样的结果，加工后留下一块材料，达不到零件图样对轮廓形状的设计要求。若简单地根据上面提出的平行铣削面偏移公式计算偏移量，仅平移运动轨迹，进行编程加工的话，其结果就会产生 5－15b）所示的情形，多铣去一块材料而造成零件轮廓被铣伤，达不到设计要求。

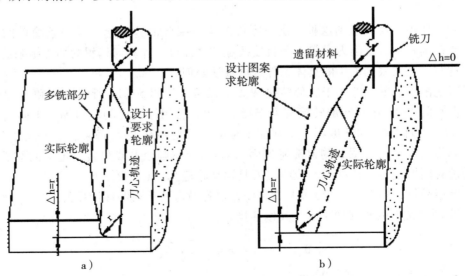

a）　　　　　　　　　　　b）

图 5－15　相交铣削面阶差小于转接圆弧半径

对上述情况，可采用如图 5 – 16 所示办法处理。在图 5 – 16 中，我们设较低的平面 N 为 XOY 平面，建立相对坐标系。并设两相交平面在直线轮廓上的任一点的阶差为 Δh_1；铣刀底刃圆弧半径为 r（与零件图样中要求一致）；Δh_1 从零变化至与 r 值相等时（当 $\Delta h_i \geq r$ 时就不必偏移）的直线长度为 l；实际编程时作偏移运动的轨迹上的动点 P 在阶差为 Δh_1 时的坐标为（X，Y）。

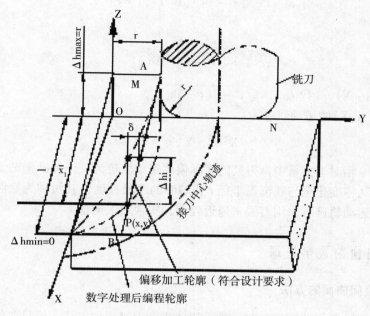

图 5 – 16 偏移运动轨迹

从图 5 – 17 中可以看出，为了加工出图样规定的直线轮廓 AB，铣刀必须按动点 P（X，Y）的轨迹运动。

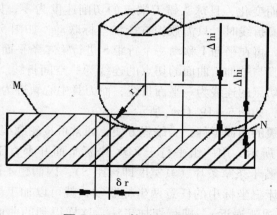

图 5 – 17 偏移运动轨迹

由：

$$\Delta h_i / r = (l - X) / l$$

得：

$$\Delta h_i = r \cdot (l - x)/l$$

又：

$$\delta_i = r - \sqrt{r^2 - (r - \Delta h_i)^2}, \quad Y = r - \delta,$$

得：

$$Y = \sqrt{r^2 - (r - \Delta h_i)^2}$$

将 $\Delta h_i = r(l - X)/l$ 代入 $Y = \sqrt{r^2 - (r - \Delta h_i)^2}$，

即得动点 $P(X, Y)$ 的运动轨迹为：

$$X^2/l^2 + Y^2/r^2 = 1$$

因此，在这一相对坐标系中，刀具的实际偏移运动轨迹为一个标准椭圆，其长轴为两相交铣削面之阶差从零变化至与底圆弧半径 r 相等时的线段长度，其短轴为底圆弧半径 r 的数值。对这一椭圆运动轨迹可采用直线来逼近处理，实现加工要求。

5.6.3 空间曲面的数学处理

5.6.3.1 铣削空间曲面的方法

数控铣床加工三坐标曲面零件时，常采用球头铣刀进行加工，一般只要使球头铣刀的球头中心位于所加工曲面的等距面上，不论刀具路线如何安排，均能铣出所要求的几何形状，如图 5 – 18（a）所示。球头铣刀的有效刀刃角的范围大，可达 180°，因此可切削很陡的曲面。球头铣刀的半径 R 较小，刀具干涉的可能性小。但这种刀具的缺点是：切削速度随刀具与工件接触点的变化而变化，且球头铣刀端点的切削速度为零，如图 5 – 18（b）所示。当刀具中心轨迹为一平面折线时，只需数控铣床二坐标联动，如图 5 – 19（a）所示，当一条平面折线加工完毕后，再在平面上移动一个行距 S 进行第二条平面折线加工，即二轴半数控加工。显然，这时刀具与被加工曲面的切点的连线为一空间折线。当三坐标数控加工时，球头铣刀与被加工曲面切点的连线为一平面折线，而刀具中心轨迹为一空间折线，所以数控铣床应是三坐标联动的，如图 5 – 19（b）所示。

对于曲率变化较平缓的曲面零件，为编程方便，通常可按轮廓编程，而不采用刀具中心轨迹编程。如图 5 – 20 所示，用一组平行于 ZOY 坐标平面并垂直于 X 轴的假想平面 M_1，M_2，…，将曲面分割为若干条窄条片（其宽度即行距 S），因假想平面与曲面的交线均为平面曲线，只要用数控铣床三坐标中的任意两坐标联动，就可以加工出来（编程时分别对每条平面曲线进行直线或圆弧逼近），即行切加工法。这样得到的曲面是由平面曲线群构成的。由于这种计算方法编程比较简单，因此经常被采用。

5.6.3.2 确定行距与步长（插补段的长度）

由于空间曲面一般都采用行切法加工，因此无论采用三坐标还是两坐标联动铣削，都必须计算或确定行距与步长。

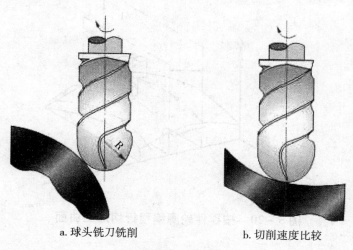

a. 球头铣刀铣削　　　　b. 切削速度比较

图 5 - 18　球头铣刀

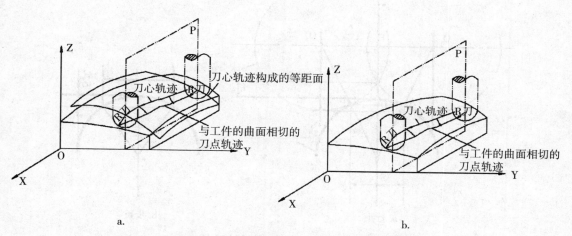

a.　　　　b.

图 5 - 19　按球头铣刀刀心轨迹编程加工曲面

（1）行距 S 的计算方法。

由图 5 - 21a）可以看出，行距 S 的大小直接关系到加工后曲面上残留沟纹高度 h（图上为 CE）的大小，大了则表面粗糙度大，无疑将增大钳修工作难度及零件加工最终精度。但 S 选得太小，虽然能提高加工精度，减少钳修困难，但程序太长，占机加工时间成倍增加，效率降低。因此行距 S 的选择应力求做到恰到好处。

一般来说，行距 S 的选择取决于铣刀半径 $r_{刀}$ 及所要求或允许的刀锋高度 h 和曲面的曲率变化情况。在计算时，可考虑用下列方法来进行：

取 A 点或 B 点的曲率半径作圆，近似求行距 S。$S = 2AD$，而 $AD = \dfrac{O_1F \cdot \rho}{\rho + r_{刀}}$。

当球刀半径 $r_{刀}$ 与曲面上曲率半径相差较大，并且为达到一定的表面粗糙度要求及 h 较小时，可以取 O_1F 的近似值，即：

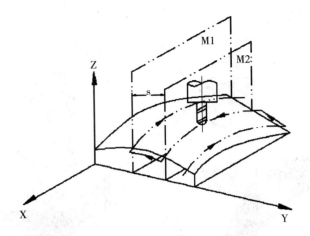

图 5 – 20 按零件轮廓编程行切加工曲面

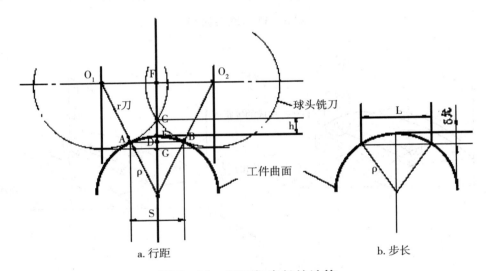

a. 行距　　　　　　　　　　　　b. 步长

图 5 – 21 行距与步长的计算

$$O_1F = \sqrt{r_刀^2 - (FC)^2}$$
$$= \sqrt{r_刀^3 - (FG - CG)^2}$$
$$\approx \sqrt{r_刀^2 - (r_刀 - h)^2}$$

则行距 $S = \dfrac{2\sqrt{h\,(2r_刀 - h) \cdot \rho}}{\rho \pm r_刀}$。

其中，当零件曲面在 AB 段内是凸时取正号，凹时取负号。

在实际编程时，如果零件曲面上各点的曲率变化不太大，可取曲率最大处作为标准计算。有时为了避免曲率计算的麻烦，也不妨用下列近似公式来计算行距 S

$$S \approx 2\sqrt{2r_刀 h}$$

如果从工艺角度考虑，在粗加工时，行距 S 可选得大一些，精加工时选得小一些。有时为了减少刀锋高度 h，也可以在原来的两行距之间（刀锋处）加密行切一次，即进行一次去刀锋处理，这样相当于将 S 减小一半，实际效果更好些。

（2）确定步长 L。

步长 L 的确定方法与平面轮廓曲线加工时步长的计算方法相同，取决于曲面的曲率半径与插补误差 δ_π（其值应小于零件加工精度）。如设曲率半径为 ρ，见图 12 - 21b）。则有：

$$L = 2\sqrt{\delta_\pi(2\rho - \delta_\pi)} \approx 2\sqrt{2\rho\delta_\pi}$$

在实际应用时，可按曲率最大处近似计算，然后用等步长法编程，这样做要方便得多。此外，若能将曲面的曲率变化划分几个区域，也可以分区域确定步长，而各区域插补段长度不相等，这对于在一个曲面上存在若干个凸出或凹陷面（即曲面有突出区）的情况是十分必要的。由于空间曲面一般比较复杂，数据处理工作量大，涉及的许多计算工作是人工无法承担的，通常需用计算机进行处理，最好是采用自动编程的方法。

5.7 数控铣削加工综合举例

5.7.1 凸轮的数控铣削工艺分析及程序编制

平面凸轮如图 5 - 22 所示。

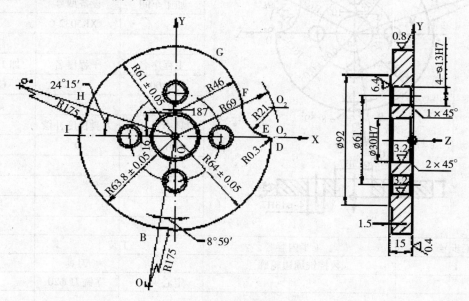

图 5 - 22 平面凸轮

5.7.1.1 工艺分析

从图上要求看出，凸轮曲线分别由几段圆弧组成，Φ30 孔为设计基准，其余表面包括 4 – Φ13H7 孔均已加工。故取 Φ30 孔和一个端面作为主要定位面，在连接孔 Φ13 的一个孔内增加削边销，在端面上用螺母垫圈压紧。因为孔是设计和定位的基准，所以对刀点选在孔中心线与端面的交点上，这样很容易确定刀具中心与零件的相对位置。

5.7.1.2 加工调整

加工坐标系在 X 和 Y 方向上的位置设在工作台中间，在 G53 坐标系中取 X = – 400，Y = – 100。Z 坐标可以按刀具长度和夹具、零件高度决定，如选用 Φ20 的立铣刀，零件上端面为 Z 向坐标零点，该点在 G53 坐标系中的位置为 Z = – 80 处，将上述三个数值设置到 G54 加工坐标系中，加工工序卡如表 5 – 6 所示。

表 5 – 6   **数控加工工序卡**

数控加工工序卡	零件图号	零件名称	文件编号	第 页
	NC 01	凸轮		

工序号	工序名称	材料
50	铣周边轮廓	45#
加工车间	设备型号	
	XK5032	
主程序名	子程序名	加工原点
O100		G54
刀具半径补偿	刀具长度补偿	
H01 = 10	0	

工步号	工步内容	工装	
1	数控铣周边轮廓	夹具	刀具
		定心夹具	立铣刀 φ20
		更改标记	更改单号	更改者/日期
工艺员	校对	审定	批准

5.7.1.3　数学处理

该凸轮加工的轮廓均为圆弧组成，因而只要计算出基点坐标，就可编制程序。在加工坐标系中，各点的坐标计算如下：

BC 弧的中心 O_1 点：$X = -(175+63.8)\sin8°59' = -37.28$

$$Y = -(175+63.8)\cos8°59' = -235.86$$

EF 弧的中心 O_2 点：$X^2 + Y^2 = 69^2$

$$(X-64)^2 + Y^2 = 21^2$$

解之得：$\begin{cases} X = 65.75, \\ Y = 20.93 \end{cases}$

HI 弧的中心 O_4 点：$\begin{cases} X = -(175+61)\cos24°15' = -215.18 \\ Y = (175+61)\sin24°15' = 96.93 \end{cases}$

DE 弧的中心 O_5 点：$\begin{cases} X^2 + Y^2 = 63.7^2 \\ (X-65.75)^2 + (Y-20.93)^2 = 21.30^2 \end{cases}$

解之得：$X = 63.70$，$Y = -0.27$。

B 点：$\begin{cases} X = -63.8\sin8°59' = -9.96 \\ Y = -63.8\cos8°59' = -63.02 \end{cases}$

C 点：$\begin{cases} X^2 + Y^2 = 64^2 \\ (X+37.28)^2 + (Y+235.86)^2 = 175^2 \end{cases}$

解之得：$X = -5.57$，$Y = -63.76$。

D 点：$\begin{cases} (X-63.70)^2 + (Y+0.27)^2 = 0.3^2 \\ X^2 + Y^2 = 64^2 \end{cases}$

解之得：$X = 63.99$，$Y = -0.28$。

E 点：$\begin{cases} (X-63.7)^2 + (Y+0.27)^2 = 0.3^2 \\ (X-65.75)^2 + (Y-20.93)^2 = 21^2 \end{cases}$

解之得：$X = 63.72$，$Y = 0.03$。

F 点：$\begin{cases} (X+1.07)^2 + (Y-16)^2 = 46^2 \\ (X-65.75)^2 + (Y-20.93)^2 = 21^2 \end{cases}$

解之得：$X = 44.79$，$Y = 19.60$。

G 点：$\begin{cases} (X+1.07)^2 + (Y-16)^2 = 46^2 \\ X^2 + Y^2 = 61^2 \end{cases}$

解之得：$X = 14.79$，$Y = 59.18$。

H 点：$\begin{cases} X = -61\cos24°15' = -55.62 \\ Y = 61\sin24°15' = 25.05 \end{cases}$

I 点：$\begin{cases} X^2 + Y^2 = 63.80^2 \\ (X+215.18)^2 + (Y-96.93)^2 = 175^2 \end{cases}$

解之得：$X = -63.02$，$Y = 9.97$。

根据上面的数值计算，可画出凸轮加工走刀路线图。如表 5 - 7 所示。

表 5 - 7　　　　　　　　　　　数控加工走刀路线

数控加工走 刀路线图	零件图号	NC01	工序号		工步号		程序号	O100
机床型号	XK5032	程序段号	N10 ~ N170	加工内容		铣周边轮廓	共 1 页	第　页

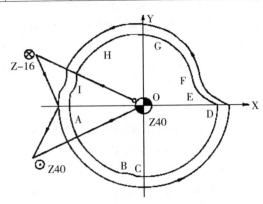

符号	⊙	⊗	◕	→•	→	↓←	•---	⌒••	⇄
含义	抬刀	下刀	编程原点	起刀点	走刀方向	走刀线相交	爬斜坡	铰孔	行切

5.7.1.4　编写加工程序

凸轮加工的程序及程序说明如下：

N10 G54 X0 Y0 Z40.；　　　　　　　//进入加工坐标系

N20 G90 G00 G17 X - 73.8 Y20.；　　//由起刀点到加工开始点

N30 G00 Z0；　　　　　　　　　　　//下刀至零件上表面

N40 G01 Z - 16. F200；　　　　　　 //下刀至零件下表面以下 1mm

N50 G42 G01 X - 63.8 Y10. F80 H01；//开始刀具半径补偿

N60 G01 X - 63.8 Y0；　　　　　　　//切入零件至 A 点

N70 G03 X - 9.96 Y - 63.02 R63.8；　//切削 AB

N80 G02 X - 5.57 Y - 63.76 R175.；　//切削 BC

N90 G03 X63.99 Y - 0.28 R64.；　　　//切削 CD

N100 G03 X63.72 Y0.03 R0.3；　　　　//切削 DE

N110 G02 X44.79 Y19.6 R21.；　　　　//切削 EF

N120 G03 X14.79 Y59.18 R46.；　　　 //切削 FG

N130 G03 X - 55.26 Y25.05 R61.；　　 //切削 GH

N140 G02 X - 63.02 Y9.97 R175.；　　 //切削 HI

N150 G03 X - 63.80 Y0 R63.8；　　　　//切削 IA

N160 G01 X - 63.80 Y - 10.；　　　　 //切削零件

N170 G01 G40 X - 73.8 Y - 20.；　　　//取消刀具补偿

N180 G00 Z40.；　　　　　　　　　　　//Z 向抬刀

N190 G00 X0 Y0 M02；　　　　　　　　//返回加工坐标系原点，结束

参数设置：H01 = 10；

G54：X = – 400，Y = – 100，Z = – 80。

5.8　应用宏功能指令加工空间曲线

有一空间曲线槽，由两条正弦曲线 Y = 35sinX 和 Z = 5sinX 叠加而成，刀具中心轨迹如图 5 – 23 所示。槽底为 r = 5mm 的圆弧。为了方便编制程序，采用粗微分方法忽略插补误差来加工。以角度 X 为变量，取相邻两点间的 X 向距离相等，间距为 0.5°，然后用正弦曲线方程 Y = 35sinX 和 Z = 5sinX 分别计算出各点对应的 Y 值和 Z 值，进行空间直线插补，以空间直线来逼近空间曲线。加工时采用球头铣刀（r = 5mm）在一平面实体零件上铣削出这一空间曲线槽。加工坐标系设置如图 5 – 24 所示。

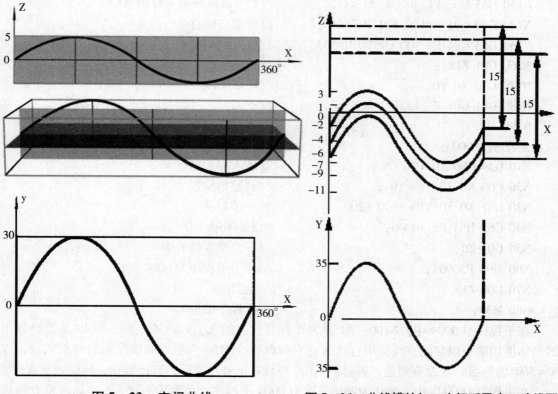

图 5 – 23　空间曲线　　　　　　图 5 – 24　曲线槽的加工坐标系及走刀路线图

设置保持型变量：

#500 – – Z 向每次切入量为 2mm；设置时输入 "2000"；

#501 – – Y = 35sinX 的幅值为 35mm，设置时输入 "35000"；

#502 – – Z = 5sinX 的幅值为 5mm，设置时输入 "5000"；

\#503 - - X 的步距为 0.5°时的终点值 360°；设置时输入 "360°"。

设置操作型变量：

\#100 - - X 当前值，为度；

\#110 - - Y 坐标当前值，为 mm；

\#120 - - Z = 5sinX 的值，为 mm；

\#130 - - Z 向每次进刀后的初始值，为 mm；

\#140 - - Z 坐标当前值，为 mm。

子程序 O 0004：

N10 G65 H01 P#100. Q0；	//X 初始值#100 = 0
N20 G91 G01 Z - #500. F100；	//Z 向切入零件
N30 G65 H02 P#130 Q#130 R - #500；	//#130 = #130 + （ - #500）
N100 G65 H02 P#100 Q#100 R0.5；	//X 当前值#100 = #100 + 0.5
N110 G65 H31 P#110 Q#501 R#100；	//Y 当前值#110 = 35sinX
N120 G65 H31 P#120 Q#502 R#100；	//Z = 5sinX 数值
N130 G65 H02 P#140 Q#130 R#120；	//Z 当前值#140 = #130 + 120
N140 G90 G01 X#100 Y#110 Z#140；	//切削空间直线
N150 G65 G84 P - 100 Q#100 R#503；	//终点判别
N160 G91 Z15.；	//抬刀
N170 G90 X0 Y0；	//回加工原点
N180 G91 G01 Z - 15. F200；	//下刀
N190 M99；	//子程序结束

主程序 O 0005：

N10 G54 G90 X0 Y0 Z15.；	//进入加工坐标系
N20 G00 X - 10. Y - 10.；	//到起始位置
N30 G01 X0 Y0 M03 S600 F200；	//主轴起动
N40 G65 H01 P#130 Q0；	//Z 向初值 = 0
N50 G01 Z0；	//下刀至零件表面
N60 M98 P30004；	//调用子程序 O 0004 三次
N70 G00 Z15.；	//抬刀
N80 M30；	//主程序结束

在子程序 O 0004 中，N100 ~ N130 为计算当前点的 X、Y 和 Z 坐标。N140 是按计算出的坐标值切削一段空间直线，用直线逼近空间曲线。N150 为空间曲线结束的终点判别，以 X = 360°为终点，若没有到达，则返回 N100 再计算下一点坐标；若已到达，则结束子程序。

在主程序 O 0005 中，N60 为调用三次 O 0004 子程序，每调用一次，Z 坐标向负方向进 2mm，分三次切出槽深。加工的走刀路线图见图 5 - 24 所示。

5.9 平面移丝凸轮槽的加工

如图 5-25 所示为纺织机械上移丝凸轮的示意图，现在数控铣床上加工凸轮槽，槽深为 12.5mm、宽为 22mm，凸轮槽尺寸见表 5-8，走刀路线如图 5-26 所示。此凸轮在机床上采用一面两销定位，在中间孔上采用螺钉压板夹紧。采用 φ20 键槽铣刀切削加工。首先将刀具半径补偿设定为 O 进行 2 次粗加工，再针对左和右侧轮廓分别采用正负值刀具半径补偿精加工到 22mm 宽。由于加工时分四次切削加工，因此采用调用子程序的方法编程。

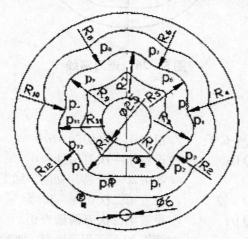

图 5-25 平面移丝凸轮槽

表 5-8   **凸轮槽尺寸**

P₁	P₂	P₃	P₄	P₅	P₆	P₇
X12.496 Y -29	X23.1315 Y -21.207	X 28.7762 Y -13.736	X 32.2775 Y 3.2549	X 30.8273 Y 11.4149	X 20.6398 Y 26.9447	X9.4926 Y32.944
R₁	R₂	R₃	R₄	R₅	R₆	R₇
11.1537	14	12.274	10.5	12.817	20.5	13.136
P₈	P₉	P₁₀	P₁₁	P₁₂	P₁₃	P₁₄
X -9.4926 Y 32.944	X -20.6398 Y 26.9447	X -30.8273 Y 11.4149	X -32.2775 Y 3.2549	X -28.7762 Y -13.763	X -23.1315 Y -21.207	X -12.496 Y -29
R₈	R₉	R₁₀	R₁₁	R₁₂	R₁₂	
20.5	12.817	10.5	12.274	14	11.1537	

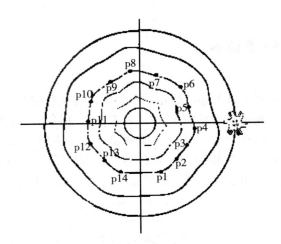

图 5-26　走刀路线

主程序为：

O10

N10 G65 H01 P#100 Q-6.5；	//设置第一次切深-6.5
N20 G65 H01 P#101 Q 0；	//设置第一次刀偏量为0
N30 M98 P20；	//调用20号子程序切削，加工的槽深为6.5mm、宽为20
N40 G65 H01 P#100 Q-12.5；	//设置第二次切深-12.5
N50 G65 H01 P#101 Q 0；	//设置第二次刀偏量为0
N60 M98 P20；	//调用20号子程序切削，加工的槽深为12.5mm、宽为20
N70 G65 H01 P#100 Q-12.5；	//设置第三次切深-12.5
N80 G65 H01 P#101 Q-1.；	//设置第三次刀偏量为-1，即右偏1
N90 M98 P20；	//调用20号子程序切削，加工的槽深为12.5mm、宽为21
N100 G65 H01 P#100 Q-12.5；	//设置第四次切深-12.5
N110 G65 H01 P#101 Q 1；	//设置第四次刀偏量为+1，即左偏1
N120 M98 P20；	//调用20号子程序切削，加工的槽深为12.5mm、宽为22
N130 G01 Z30. F2000；	//Z向抬刀
N140 M05；	//主轴停
N150 M30；	//程序结束

子程序为：

O20

N10 G54 G90 G01 Z30 F2000；	//选择1号加工坐标系
N20 M03 S300；	//启动主轴
N30 G01 X 12.496 Y-29.；	//XOY平面定位到槽中心线起点P1
N40 G01 Z#100. F100；	//Z向下刀至#100指定值
N50 G01 G42 X 6. Y-29. H#101；	//以偏置量#101左偏进给到（6，-29）
N60 G01 X-12.496 Y-29.；	//进给至P14
N70 G02 X-23.1315 Y-21.207 R11.1537；	//以下各步按P14~P13......依次

N80 G03 X – 28. 7762 Y – 13. 763 R14. ;　　　　逆时针进给

N90 G02 X – 32. 2775 Y 3. 2549 R12. 274;

N100 G03 X – 30. 8273 Y 11. 4149 R10. 5;

N110 G02 X – 20. 6398 Y 26. 9447 R12. 817;

N120 G03 X – 9. 4926 Y 32. 944 R20. 5;

N130 G02 X 9. 4926 Y 32. 944 R13. 136;

N140 G03 X 20. 6398 Y 26. 9447 R20. 5;

N150 G02 X 30. 8273 Y 11. 4149 R12. 817;

N160 G03 X 32. 2775 Y 3. 2549 R10. 5;

N170 G02 X 28. 7762 Y – 13. 736 R12. 274;

N180 G03 X 23. 1315 Y – 21. 207 R14. ;

N190 G02 X 12. 496 Y – 29 R11. 1537;　　　　//进给到 P1

N200 G01 X0 Y – 29. ;　　　　　　　　　　　//进给到（0， – 29）

N210 G01 G40 X – 6. Y – 29. ;　　　　　　　//取削刀具半径补偿至（ – 6， – 29）

N220 G01 Z30 F2000;　　　　　　　　　　　//Z 向抬刀

N230 M05;　　　　　　　　　　　　　　　　//主轴停

N240 M99;　　　　　　　　　　　　　　　　//程序结束

设置 G54：X = – 400，Y = – 100，Z = – 50. #100 变量用来设置切削深度，两次 Z 向进刀分别为 – 6. 5 和 – 12. 5。刀具半径补偿值用#101 变量来设置。前两次 Z 向进刀分别为 – 6. 5 和 – 12. 5 的粗加工时，#101 为 0；精加工第一次切削为 1，第二次为 – 1。

第 6 章

加工中心程序编制基础及工艺装备

加工中心（Machining Center，MC），是由机械设备与数控系统组成的适用于加工复杂零件的高效率自动化机床。合理的工艺规划与加工程序的编制，是决定加工质量的重要因素。在本模块我们将结合注塑机板板的加工研究影响加工中心应用效果的工艺及工装、机床功能、编程特点等因素。加工中心所配置的数控系统各有不同，各种数控系统程序编制的内容和格式也不尽相同，但是程序编制方法和使用过程是基本相同的。以下所述内容，均以配置 FANUC－0i 数控系统的 XH714 加工中心为例展开讨论。

6.1 加工中心程序编制的基础

加工中心是高效、高精度数控机床，工件在一次装夹中便可完成多道工序的加工，同时还备有刀具库，并且有自动换刀功能。加工中心所具有的这些丰富的功能，决定了加工中心程序编制的复杂性。

6.1.1 加工中心的主要功能

加工中心能实现三轴或三轴以上的联动控制，以保证刀具进行复杂表面的加工。加工中心除具有直线插补和圆弧插补功能外，还具有各种加工固定循环、刀具半径自动补偿、刀具长度自动补偿、加工过程图形显示、人机对话、故障自动诊断、离线编程等功能。

加工中心是从数控铣床发展而来的。与数控铣床的最大区别在于加工中心具有自动交换加工刀具的能力，通过在刀库上安装不同用途的刀具，可在一次装夹中通过自动换刀装置改变主轴上的加工刀具，实现多种加工功能。

加工中心从外观上可分为立式、卧式和复合加工中心等。立式加工中心的主轴垂直于工作台，主要适用于加工板材类、壳体类工件，也可用于模具加工。卧式加工中心的主轴轴线与工作台台面平行，它的工作台大多为由伺服电动机控制的数控回转台，在工件一次装夹中，通过工作台旋转可实现多个加工面的加工，适用于箱体类工件加工。复合加工中心主要是指在一台加工中心上有立、卧两个主轴或主轴可 90°改变角度，因而可在工件一次装夹中实现五个面的加工。

6.1.2　加工中心的工艺及工艺装备

加工中心是一种工艺范围较广的数控加工机床，能进行铣削、镗削、钻削和螺纹加工等多项工作。加工中心特别适合于箱体类零件和孔系的加工。加工工艺范围如图 6-1~图 6-4 所示。

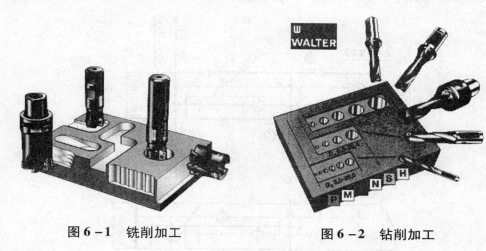

图 6-1　铣削加工　　　　　图 6-2　钻削加工

图 6-3　螺纹加工

6.2　工艺性分析

一般主要考虑以下几个方面：

（1）选择加工内容。

加工中心最适合加工形状复杂、工序较多、要求较高的零件，这类零件常需使用多种类型的通用机床、刀具和夹具，经多次装夹和调整才能完成加工。

（2）检查零件图样。

零件图样应表达正确，标注齐全。同时要特别注意，图样上应尽量采用统一的设计基准，从而简化编程，保证零件的精度要求。

如图 6–5 所示零件图样。在图 6–5a 中，A、B 两面均已在前面工序中加工完毕，在加工中心上只进行所有孔的加工。以 A、B 两面定位时，由于高度方向没有统一的设计基准，ϕ48H7 孔和上方两个 ϕ25H7 孔与 B 面的尺寸是间接保证的，欲保证 32.5 ± 0.1 和 52.5 ± 0.04 尺寸，须在上道工序中对 105 ± 0.1 尺寸公差进行压缩。若改为如图 6–5b 所示标注尺寸，各孔位置尺寸都以 A 面为基准，基准统一，且工艺基准与设计基准重合，各尺寸都容易保证。

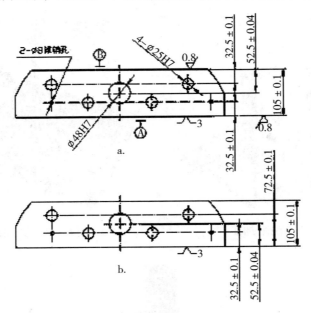

图 6–5　零件加工的基准统一

（3）分析零件的技术要求。

根据零件在产品中的功能，分析各项几何精度和技术要求是否合理；考虑在加工中心上加工，能否保证其精度和技术要求；选择哪一种加工中心最为合理。

（4）审查零件的结构工艺性。

分析零件的结构刚度是否足够，各加工部位的结构工艺性是否合理等。

6.3　工艺过程设计

在工艺设计时，主要考虑精度和效率两个方面，一般遵循先面后孔、先基准后其他、先粗后精的原则。加工中心在一次装夹中，尽可能完成所有能够加工表面的加工。对位置精度要求较高的孔系加工，要特别注意安排孔的加工顺序，安排不当，就有可能将传动副的反向间隙带入，直接影响位置精度。例如，安排图 6–6a 所示零件的孔系加工顺序时，若按图 6–6b 的路线加工，由于 5、6、7、8 孔与 1、2、3、4 孔在 Y 向的定位方向相反，Y 向反向间隙会使误差增加，从而影响 5、6、7、8 孔与其他孔的位置精度。按图 6–6c 所示路线，可避免反向间隙的引入。

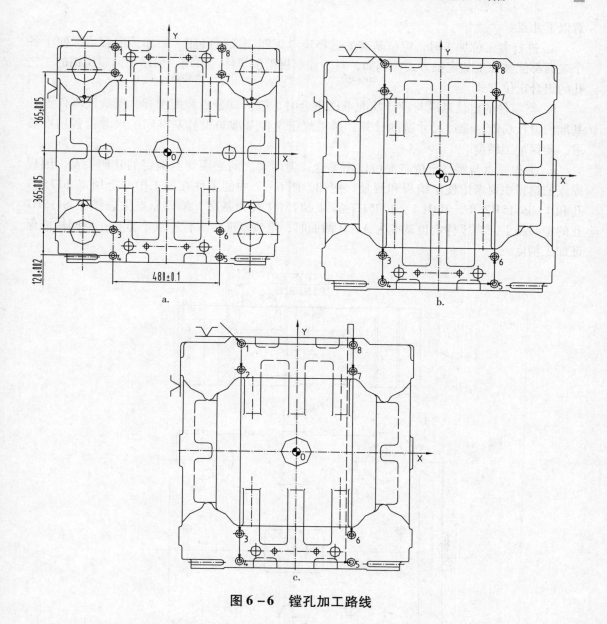

图 6 - 6　镗孔加工路线

　　在加工过程中，为了减少换刀次数，可采用刀具集中工序，即用同一把刀具把零件上相应的部位都加工完，再换第二把刀具继续加工。但是，对于精度要求很高的孔系，若零件是通过工作台回转确定相应的加工部位时，因存在重复定位误差，不能采取这种方法。

6.4　零件的装夹

　　（1）定位基准的选择。

　　在加工中心加工时，零件的定位仍应遵循 3、2、1 的六点定位原则。同时，还应特别注意以下几点：

a. 进行多工位加工时，定位基准的选择应考虑能完成尽可能多的加工内容，即便于各个表面都能被加工的定位方式。例如，对于注塑机模板零件，采用一面增加两定位销的工艺孔的组合定位方式。

b. 当零件的定位基准与设计基准难以重合时，应认真分析装配图样，明确该零件设计基准的设计功能，通过尺寸链的计算，严格规定定位基准与设计基准间的尺寸位置精度要求，确保加工精度。

c. 编程原点与零件定位基准可以不重合，但两者之间必须要有确定的几何关系。编程原点的选择主要考虑便于编程和测量。例如，图 6 - 7 中的零件在加工中心上加工 ϕ175H7 孔和 4 - ϕ115H7 孔，其中 4 - ϕ175H7 都以 ϕ115H7 孔为基准，编程原点应选择在 ϕ115H7 孔的中心线上。当零件定位基准为 A、B 两面时，定位基准与编程原点不重合，但同样能保证加工精度。

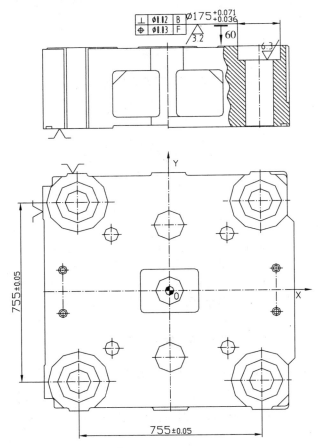

图 6 - 7 编程原点与定位基准

（2）夹具的选用。

在加工中心上，夹具的任务不仅是装夹零件，而且要以定位基准为参考基准，确定零件的加工原点。因此定位基准要准确可靠。

（3）零件的夹紧。

在考虑夹紧方案时，应保证夹紧可靠，并尽量减少夹紧变形。

6.5　刀具的选择

加工中心对刀具的基本要求是：

（1）良好的切削性能：能承受高速切削和强力切削并且性能稳定；

（2）较高的精度：刀具的精度指刀具的形状精度和刀具与装卡装置的位置精度；

（3）配备完善的工具系统：满足多刀连续加工的要求。

加工中心所使用刀具的刀头部分与数控铣床所使用的刀具基本相同，请参见本书中关于数控铣削刀具的选用。加工中心所使用刀具的刀柄部分与一般数控铣床用刀柄部分不同，加工中心用刀柄带有夹持槽供机械手夹持。

6.6　加工中心编程的特点

由于加工中心的加工特点，在编写加工程序前，首先要注意换刀程序的应用。

不同的加工中心，其换刀过程是不完全一样的，通常选刀和换刀可分开进行。换刀完毕启动主轴后，方可进行下面程序段的加工内容。选刀动作可与机床的加工重合起来，即利用切削时间进行选刀。多数加工中心都规定了固定的换刀点位置，各运动部件只有移动到这个位置，才能开始换刀动作。

XH714 加工中心装备有盘形刀库，通过主轴与刀库的相互运动，实现换刀。换刀过程用一个子程序描述，习惯上取程序号为 O9000。换刀子程序如下：

O9000	
N10 G90	//选择绝对方式
N20 G53 Z – 124.8	//主轴 Z 向移动到换刀点位置（即与刀库在 Z 方向上相应）
N30 M06	//刀库旋转至其上空刀位对准主轴，主轴准停
N40 M28	//刀库前移，使空刀位上刀夹夹住主轴上刀柄
N50 M11	//主轴放松刀柄
N60 G53 Z – 9.3	//主轴 Z 向向上，回设定的安全位置（主轴与刀柄分离）
N70 M32	//刀库旋转，选择将要换上的刀具
N80 G53 Z – 124.8	//主轴 Z 向向下至换刀点位置（刀柄插入主轴孔）
N90 M10	//主轴夹紧刀柄
N100 M29	//刀库向后退回
N110 M99	//换刀子程序结束，返回主程序。

需要注意的是，为了使换刀子程序不被随意更改，以保证换刀安全，设备管理人员可将该程序隐含。当加工程序中需要换刀时，调用 O9000 号子程序即可。调用程序段可如下编写：

N ~ T ~ M98 P9000；

其中，N 后为程序顺序号；T 后为刀具号，一般取 2 位；M98 为调用换刀子程序；P9000 为换刀子程序号。

加工中心的编程方法与数控铣床的编程方法基本相同，加工坐标系的设置方法也一样。因而，下面将主要介绍加工中心的加工固定循环功能、B 类宏程序应用、对刀方法等内容。

在该零件孔加工中，有通孔、盲孔，需钻、扩和镗加工，故选择钻头 T01、扩孔刀 T02 和镗刀 T03，加工坐标系 Z 向原点在零件上表面处。由于有三种孔径尺寸的加工，按照先小孔后大孔加工的原则，确定加工路线为：从编程原点开始，先加工 6 个 $\phi6$ 的孔，再加工 4 个 $\phi10$ 的孔，最后加工 2 个 $\phi40$ 的孔。T01、T02 的主轴转数 $S = 600r/min$，进给速度 $F = 120mm/min$；T03 主轴转数 $S = 300r/min$，进给速度 $F = 50mm/min$。

第 7 章

加工中心编程 FANUC 系统与 SIEMENS 系统
固定循环指令程序的应用

7.1 FANUC 系统固定循环功能

在前面介绍的常用加工指令中，每一个 G 指令一般都对应机床的一个动作，它需要用一个程序段来实现。为了进一步提高编程工作效率，FANUC – Oi 系统设计有固定循环功能，它规定对于一些典型孔加工中的固定、连续的动作，用一个 G 指令表达，即用固定循环指令来选择孔加工方式。

常用的固定循环指令能完成的工作有钻孔、攻螺纹和镗孔等。这些循环通常包括下列六个基本操作动作：

（1）在 XY 平面定位；

（2）快速移动到 R 平面；

（3）孔的切削加工；

（4）孔底动作；

（5）返回到 R 平面；

（6）返回到起始点。

图 7 – 1 中实线表示切削进给，虚线表示快速运动。R 平面为在孔口时，快速运动与进给运动的转换位置。

常用的固定循环有高速深孔钻循环、螺纹切削循环、精镗循环等。

编程格式 G90 /G91 G98/G99 G73 ~ G89 X ~ Y ~ Z ~ R ~ Q ~ P ~ F ~ K ~ ; 其中，G90 /G91——绝对坐标编程或增量坐标编程。

G98——返回起始点；G99——返回 R 平面。

G73 ~ G89——孔加工方式，如钻孔加工、高速深孔钻加工、镗孔加工等。

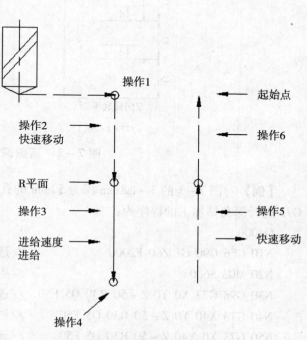

图 7 – 1 固定循环的基本动作

X、Y——孔的位置坐标。

Z——孔底坐标。

R——安全面（R面）的坐标。在增量方式时，为起始点到R面的增量距离；在绝对方式时，为R面的绝对坐标。

Q——每次切削深度。

P——孔底的暂停时间。

F——切削进给速度。

K——规定重复加工次数。

固定循环由G80或01组G代码撤销。

7.1.1 高速深孔钻循环指令 G73

G73用于深孔钻削，在钻孔时采取间断进给，有利于断屑和排屑，适合深孔加工。图7-2为高速深孔钻加工的工作过程。其中，Q为增量值，指定每次切削深度；d为排屑退刀量，由系统参数设定。

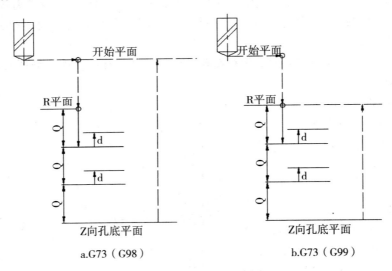

图7-2 高速深孔钻循环

【例】对图7-3的5-φ8mm深为50mm的孔进行加工。显然，这属于深孔加工。利用G73进行深孔钻加工的程序为：

```
O4000
N10 G56 G90 G1 Z60 F2000        //选择2号加工坐标系，到Z向起始点
N20 M03 S600                    //主轴启动
N30 G98 G73 X0 Y0 Z-50 R30 Q5 F50    //选择高速深孔钻方式加工1号孔
N40 G73 X40 Y0 Z-50 R30 Q5 F50       //选择高速深孔钻方式加工2号孔
N50 G73 X0 Y40 Z-50 R30 Q5 F50       //选择高速深孔钻方式加工3号孔
N60 G73 X-40 Y0 Z-50 R30 Q5 F50      //选择高速深孔钻方式加工4号孔
```

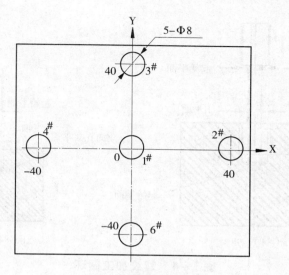

图 7 – 3　应用举例

N70 G73 X0 Y – 40 Z – 50 R30 Q5 F50	//选择高速深孔钻方式加工 5 号孔
N80 G01 Z60 F2000	//返回 Z 向起始点
N90 M05	//主轴停
N100 M30	//程序结束并返回起点

加工坐标系设置：G56 X = – 400，Y = – 150，Z = – 50。

在上述程序中，选择高速深孔钻加工方式进行孔加工，并以 G98 确定每一孔加工完后，回到 R 平面。设定孔口表面的 Z 向坐标为 0，R 平面的坐标为 30，每次切深量 Q 为 5，系统设定退刀排屑量 d 为 2。

7.1.2　螺纹加工循环指令（攻螺纹加工）

（1）G84（右旋螺纹加工循环指令）。

G84 指令用于切削右旋螺纹孔。向下切削时主轴正转，孔底动作是变正转为反转，再退出。F 表示导程，在 G84 切削螺纹期间速率修正无效，移动将不会中途停顿，直到循环结束。G84 右旋螺纹加工循环工作过程如图 7 – 4 所示。

（2）G74（左旋螺纹加工循环指令）。

G74 指令用于切削左旋螺纹孔。主轴反转进刀，正转退刀，正好与 G84 指令中的主轴转向相反，其他运动均与 G84 指令相同。

7.1.3　精镗循环指令 G76

G76 指令用于精镗孔加工。镗削至孔底时，主轴停止在定向位置上，即准停，再使刀尖偏移离开加工表面，然后再退刀。这样可以高精度、高效率地完成孔加工而不损伤工件已加工表面。

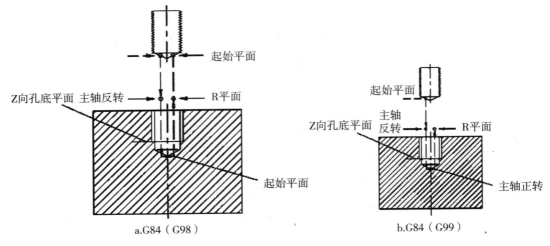

图 7 - 4　螺纹加工循环

在程序格式中，Q 表示刀尖的偏移量，一般为正数，移动方向由机床参数设定。

G76 精镗循环的加工过程包括以下几个步骤：

（1）在 X、Y 平面内快速定位；

（2）快速运动到 R 平面；

（3）向下按指定的进给速度精镗孔；

（4）孔底主轴准停；

（5）镗刀偏移；

（6）从孔内快速退刀。

图 7 - 5 为 G76 精镗循环的工作过程示意图。

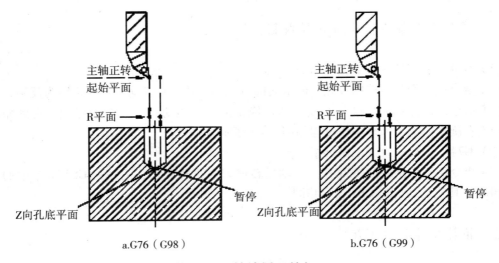

图 7 - 5　精镗循环的加工

7.1.4   应用举例

使用刀具长度补偿功能和固定循环功能加工如图 7 - 6 所示零件上的 12 个孔。

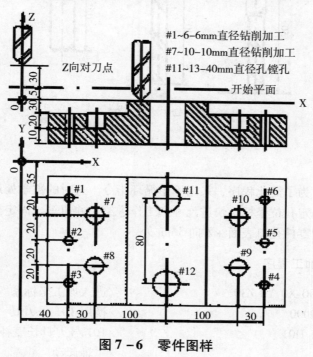

#1~6-6mm直径钻削加工
#7~10-10mm直径钻削加工
#11~13-40mm直径孔镗孔

图 7 - 6   零件图样

7.1.4.1   分析零件图样，进行工艺处理

在该零件孔加工中，有通孔、盲孔，需钻、扩和镗加工，故选择钻头 T01、扩孔刀 T02 和镗刀 T03，加工坐标系 Z 向原点在零件上表面处。由于有三种孔径尺寸的加工，按照先小孔后大孔加工的原则，确定加工路线为：从编程原点开始，先加工 6 个 φ6 的孔，再加工 4 个 φ10 的孔，最后加工 2 个 φ40 的孔。T01、T02 的主轴转数 S = 600r/min，进给速度 F = 120mm/min；T03 主轴转数 S = 300r/min，进给速度 F = 50mm/min。

7.1.4.2   加工调整

T01、T02 和 T03 的刀具补偿号分别为 H01、H02 和 H03。对刀时，以 T01 刀为基准，按图 7 - 6 中的方法确定零件上表面为 Z 向零点，则 H01 中刀具长度补偿值设置为零，该点在 G53 坐标系中的位置为 Z - 35。对 T02，因其刀具长度与 T01 相比为 140 - 150 = - 10mm，即缩短了 10mm，所以将 H02 的补偿值设为 - 10。对 T03 同样计算，H03 的补偿值设置为 - 50，如图 7 - 7 所示。换刀时，采用 O9000 子程序实现换刀。

根据零件的装夹尺寸，设置加工原点 G54：X = - 600，Y = - 80，Z = - 35。

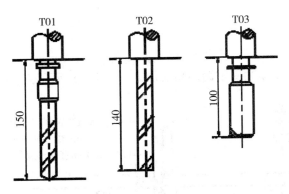

图7-7 刀具图

7.1.4.3 数学处理

在多孔加工时，为了简化程序，采用固定循环指令。这时的数学处理主要是按固定循环指令格式的要求，确定孔位坐标、快进尺寸和工作进给尺寸值等。固定循环中的开始平面为 Z = 5，R 点平面定为零件孔口表面 + Z 向 3mm 处。

7.1.4.4 编写零件加工程序

N10 G54 G90 G00 X0 Y0 Z30	//进入加工坐标系
N20 T01 M98 P9000	//换用 T01 号刀具
N30 G43 G00 Z5 H01	//T01 号刀具长度补偿
N40 S600 M03	//主轴起动
N50 G99 G81 X40 Y−35 Z−63 R−27 F120	//加工#1 孔（回 R 平面）
N60 Y−75	//加工#2 孔（回 R 平面）
N70 G98 Y−115	//加工#3 孔（回起始平面）
N80 G99 X300	//加工#4 孔（回 R 平面）
N90 Y−75	//加工#5 孔（回 R 平面）
N100 G98 Y−35	//加工#6 孔（回起始平面）
N110 G49 Z20	//Z 向抬刀，撤销刀补
N120 G00 X500 Y0	//回换刀点，
N130 T02 M98 P9000	//换用 T02 号刀
N140 G43 Z5 H02	//T02 刀具长度补偿
N150 S600 M03	//主轴起动
N160 G99 G81 X70 Y−55 Z−50 R−27 F120	//加工#7 孔（回 R 平面）
N170 G98 Y−95	//加工#8 孔（回起始平面）
N180 G99 X270	//加工#9 孔（回 R 平面）
N190 G98 Y−55	//加工#10 孔（回起始平面）
N200 G49 Z20	//Z 向抬刀，撤销刀补
N210 G00 X500 Y0	//回换刀点

T220 M98 P9000	//换用 T03 号刀具
N230 G43 Z5 H03	//T03 号刀具长度补偿
N240 S300 M03	//主轴起动
N250 G76 G99 X170 Y－35 Z－65 R3 F50	//加工#11 孔（回 R 平面）
N260 G98 Y－115	//加工#12 孔（回起始平面）
N270 G49 Z30	//撤销刀补
N280 M30	//程序停

参数设置：

H01 = 0，H02 = －10，H03 = －50；

G54：X = －600，Y = －80，Z = －35。

7.2　SIEMENS 系统固定循环功能

7.2.1　主要参数

SIEMENS 系统固定循环中使用的主要参数如表 7－1 所示。

表 7－1　主要参数

参　数	含　义
R101	起始平面
R102	安全间隙
R103	参考平面
R104	最后钻深（绝对值）
R105	钻底停留时间
R106	螺距
R107	钻削进给量
R108	退刀进给量

参数赋值方式：若钻底停留时间为 2 秒，则 R105 = 2。

7.2.2　钻削循环

调用格式 LCYC82

功能：刀具以编程的主轴转速和进给速度钻孔，到达最后钻深后，可实现孔底停留，退刀时以快速退刀。循环过程如图 7－8 所示。

参数：R101，R102，R103，R104，R105

【例】用钻削循环 LCYC82 加工图 7－9 所示孔，孔底停留时间 2 秒，安全间隙 4mm。试编制程序。

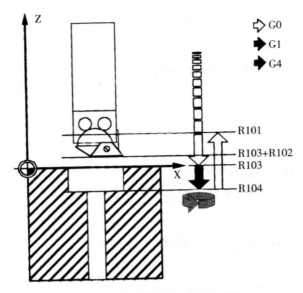

图 7 - 8　钻削循环过程及参数

N10 G0 G17 G90 F100 T2 D2 S500 M3

N20 X24 Y15

N30 R101 = 110 R102 = 4 R103 = 102 R104 = 75 R105 = 2

N40 LCYC82

N50 M2

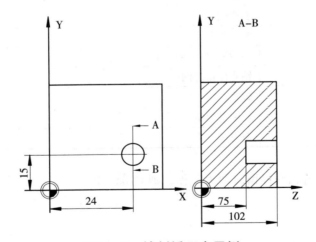

图 7 - 9　钻削循环应用例

7.2.3　镗 削 循 环

调用格式 LCYC85

功能：刀具以编程的主轴转速和进给速度镗孔，到达最后镗深后，可实现孔底停留，进刀及退刀时分别以参数指定速度退刀，如图 7 - 10 所示。

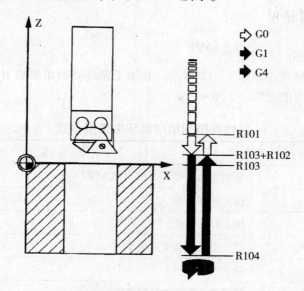

图 7 - 10　镗削循环过程及参数

参数：R101，R102，R103，R104，R105，R107，R108

【例】用镗削循环 LCYC85 加工图 7 - 11 所示孔，无孔底停留时间，安全间隙 2mm。试编写程序。

N10 G0 G18 G90 F1000 T2 D2 S500 M3

N20 X50 Y105 Z70

N30 R101 = 105 R102 = 2 R103 = 102 R104 = 77 R105 = 0 R107 = 200 R108 = 100

N40 LCYC85

N50 M2

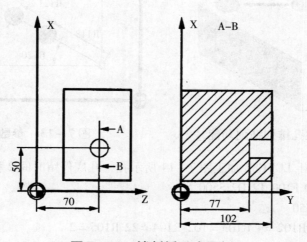

图 7 - 11　镗削循环应用例

7.2.4　线性孔排列钻削

调用格式　LCYC60

功能：加工线性排列孔如图 7 – 12 所示，孔加工循环类型用参数 R115 指定，如表 7 – 2 所示。表中各参数使用如图 7 – 12 所示。

表 7 – 2　　　　　　　　　　线性孔排列钻削循环中使用参数

参　　数	含　　义
R115	孔加工循环号：如 82（LCYC82）
R116	横坐标参考点
R117	纵坐标参考点
R118	第一个孔到参考点的距离
R119	钻孔的个数
R120	平面中孔排列直线的角度
R121	孔间距

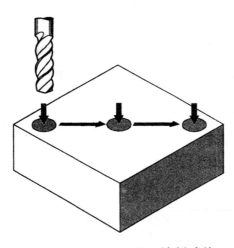

图 7 – 12　线性孔排列钻削功能

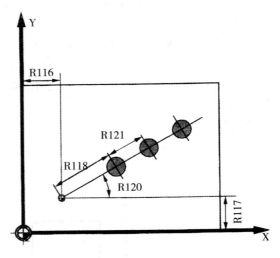

图 7 – 13　参数的使用

【例】用钻削循环 LCYC82 加工图 7 – 14 所示孔，孔底停留时间 2 秒，安全间隙 4mm。

N10 G0 G18 G90 F100 T2 D2 S500 M3

N20 X50 Y110 Z50

N30 R101 = 105 R102 = 4 R103 = 102 R104 = 22 R105 = 2

N40 R115 = 82 R116 = 30 R117 = 20　R118 = 20　R119 = 0 R120 = 0 R121 = 20

N50 LCYC60

N60 M2

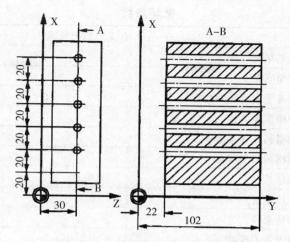

图 7 – 14　线性孔排列钻削循环应用

7.2.5　矩形槽、键槽和圆形凹槽的铣削循环

7.2.5.1　循环功能

通过设定相应的参数，利用此循环可以铣削矩形槽、键槽及圆形凹槽，循环加工可分为粗加工和精加工，见图 7 – 15。循环参数见表 7 – 3，表中参数使用情况见图 7 – 23。

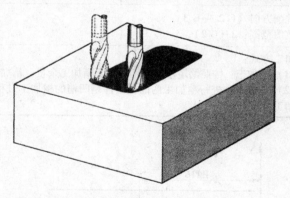

图 7 – 15　铣削循环

调用格式　LCYC75

加工矩形槽时通过参数设置长度、宽度、深度；如果凹槽宽度等同于两倍的圆角半径，则铣削一个键槽；通过参数设定凹槽长度 = 凹槽宽度 = 两倍的圆角半径，可以铣削一个直径为凹槽长度或凹槽宽度的圆形凹槽。加工时，一般在槽中心处已预先加工出导向底孔，铣刀从垂直于凹槽深度方向的槽中心处开始进刀。如果没有钻底孔，则该循环要求使用带端面齿得铣刀，从而可以铣削中心孔。在调用程序中应设定主轴的转速和方向，在调用循环之前必须先建立刀具补偿。

表 7 – 3   循环参数

参　数	含义、数值范围
R101	起始平面
R102	安全间隙
R103	参考平面（绝对坐标）
R104	凹槽深度（绝对坐标）
R116	凹槽圆心 X 坐标
R117	凹槽圆心 Y 坐标
R118	凹槽长度
R119	凹槽宽度
R120	圆角半径
R121	最大进刀深度
R122	Z 向进刀进给量
R123	铣削进给量
R124	平面精加工余量：粗加工（R127 = 1）时留出的精加工余量。 在精加工时（R127 = 2），根据参数 R124 和 R125 选择"仅加工轮廓"或者"同时加工轮廓和深度"
R125	Z 向深度精加工余量：粗加工（R127 = 1）时留出的精加工深度余量。 精加工时（R127 = 2）利用参数 R124 和 R125 选择"仅加工轮廓"或"同时加工轮廓和深度"
R126	铣削方向（G 2 或 G 3） 数值范围：2（G 2），3（G 3）
R127	加工方式： （1）粗加工：按照给定参数加工凹槽至精加工余量。精加工余量应小于刀具直径； （2）精加工：进行精加工的前提条件是凹槽的粗加工过程已经结束，接下去对精加工余量进行加工

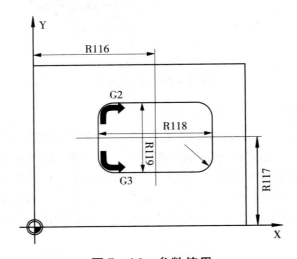

图 7 – 16　参数使用

7.2.5.2　粗加工 R127 = 1

用 G0 到起始平面的凹槽中心点，然后再同样以 G0 到安全间隙的参考平面处。凹槽的加工分为以下几个步骤：

（1）以 R122 确定的进给量和调用循环之前的主轴转速进刀到下一次加工的凹槽中心点处。

（2）按照 R123 确定的进给量和调用循环之前的主轴转速在轮廓和深度方向进行铣削，直至最后精加工余量。

（3）加工方向由 R126 参数给定的值确定。

（4）在凹槽加工结束之后，刀具回到起始平面凹槽中心，循环过程结束。

7.2.5.3　精加工 R127 = 2

（1）如果要求分多次进刀，则只有最后一次进刀到达最后深度凹槽中心点（R122）。为了缩短返回的空行程，在此之前的所有进刀均快速返回，并根据凹槽和键槽的大小无须回到凹槽中心点才开始加工。通过参数 R124 和 R125 选择"仅进行轮廓加工"或者"同时加工轮廓和工件"。

仅加工轮廓：R124 > 0，R125 = 0

轮廓和深度：R124 > 0，R125 > 0

R124 = 0，R125 = 0

R124 = 0，R125 > 0

（2）平面加工以参数 R123 设定的值进行，深度进给则以 R122 设定的参数值运行。

（3）加工方向由参数 R126 设定的参数值确定。

（4）凹槽加工结束以后刀具运行退回到起始平面的凹槽中心点处，循环结束。

7.3　应用举例

【例 1】凹槽铣削。在图 7 - 17 中，用下面的程序，可以加工一个长度为 60mm，宽度为 40mm，圆角，半径 8mm，深度为 17.5mm 的凹槽。使用的铣刀不能切削中心，因此要求与加工凹槽中心（LCY82）。凹槽边的精加工的余量为 0.75mm，深度为 0.5mm，Z 轴上到参考平面的安全间隙为 0.5mm。凹槽的中心点坐标为 X60Y40，最大进刀深度为 4mm，加工分为粗加工和细加工。

```
N10 G0 G17 G90 F200 S300 M3 T4 D1；                    //确定工艺参数
N20 X60. Y40. Z5. ；                                   //回到钻削位置
N30 R101 = 5 R102 = 2 R103 = 9 R104 = - 17. 5 R105 = 2； //设定钻削循环参数
  N40 LCYC82；                                         //调用钻削循环
N50……；                                              //更换刀具
  N60 R116 = 60 R117 = 40 R118 = 60 R119 = 40 R120 = 8；//凹槽铣削循环粗加工设定
                                                            参数
```

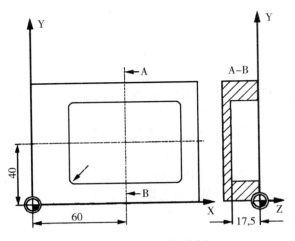

图 7 – 17　凹槽铣削

N70 R121 = 4 R122 = 120 R123 = 300 R124 = 0.75 R125 = 0.5；　//与钻削循环相比较 R101
　　　　　　　　　　　　　　　　　　　　　　　　　　　　　　　– R104 参数不变

N80 R126 = 2 R127 = 1；

N90 LCYC75；　　　　　　　　　　　　　　　　　//调用粗加工循环

N100……；　　　　　　　　　　　　　　　　　　//更换刀具

N110 R127 = 2；　　　　　　　　　　　　　　　　//凹槽铣削循环精加工设定参
　　　　　　　　　　　　　　　　　　　　　　　　数（其他参数不变）

N120 LCYC75；　　　　　　　　　　　　　　　　//调用精加工循环

N130 M2；　　　　　　　　　　　　　　　　　　//程序结束

【例 2】圆形槽铣削。在图 7 – 18 中，使用此程序可以在 YZ 平面上加工一个圆形凹槽，中心点坐标为 Z50X50，凹槽深 20 毫米，深度方向进给轴为 X 轴，没有给出精加工余量，也就是说使用粗加工加工此凹槽。使用的铣刀带端面齿，可以切削中心。

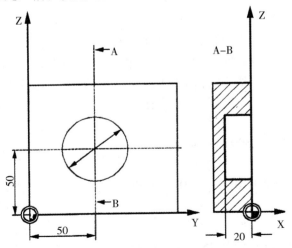

图 7 – 18　圆形槽铣削

N10 G0 G19 G90 S200 M3 T1 D1；　　　　　　　　　//规定工艺参数
N20 Z60 X40 Y5.；　　　　　　　　　　　　　　//回到起始位
N30 R101 = 4 R102 = 2 R103 = 0 R104 = − 20 R116 = 50 R117 = 50；//凹槽铣削循环设定参数
N40 R118 = 50 R119 = 50 R120 = 50 R121 = 4 R122 = 100；　//凹槽铣削循环设定参数
N50 R123 = 200 R124 = 0 R125 = 0R126 = 0 R127 = 1；　//凹槽铣削循环设定参数
N60 LCYC75；　　　　　　　　　　　　　　　　//调用循环
N70 M02；　　　　　　　　　　　　　　　　　//循环结束

【例3】键槽铣削。在图 7 – 19 中，使用此程序加工 YZ 平面上一个圆上的 4 个槽，相互间成 90°角，起始角为 45°。在调用程序中，坐标系已经作了旋转和移动。键槽的尺寸如下：长度为 30 毫米，宽度为 15 毫米，深度为 23 毫米。安全间隙 1 毫米，铣削方向 G2，深度进给最大 6 毫米。键槽用粗加工（精加工余量为零）加工，铣刀带断面齿，可以加工中心。

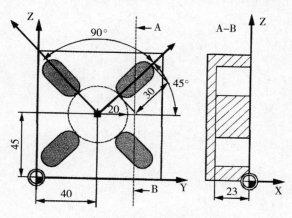

图 7 – 19　键槽铣削

N10 G0 G19 G90 T10 D1 S400 M3；　　　　　　　//规定工艺参数
N20 Y20 Z50. X5.；　　　　　　　　　　　　//回到起始位
N30 R101 = 5 R102 = 1 R103 = 0 R104 = − 23 R116 = 35 R117 = 0；//铣削循环设定参数
N40 R118 = 30 R119 = 15 R120 = 15 R121 = 6 R122 = 200；　//铣削循环设定参数
N50 R123 = 300 R124 = 0 R125 = 0 R126 = 2 R127 = 1；　//铣削循环设定参数
N60 G158 Y40. Z45.；　　　　　　　　　　　//建立坐标系 Z1 – Y1，移动到 Z45. Y40.；
N70 G259 RPL45；　　　　　　　　　　　　//旋转坐标系 45°
N80 LCYC75；　　　　　　　　　　　　　　//调用循环，铣削第一个槽
N90 G259 RPL90；　　　//继续旋转 Z1 – Y1 坐标系 90 度，铣削第二个槽
N100 LCYC75；　　　　　//调用循环，铣削第二个槽
N110 G259 RPL90；　　　//继续旋转 Z1 – Y1 坐标系 90 度，铣削第三个槽

```
N120 LCYC75；              //铣削第三个槽
N130 G259 RPL90；          //继续旋转 Z1 – Y1 坐标系 90 度，铣削第四个槽
N140 LCYC75；              //铣削第四个槽
N150 G259 RPL45；          //恢复到原坐标系，角度为 0
N160 G158 Y – 40. Z – 45.；  //返回移动部分
N170 Y20. Z50. X5.         //回到出发位置
M02；                      //程序结束
```

第 8 章

加工中心编程 FANUC 系统与 SIEMENS 系统宏程序的应用

FANUC 系统 B 类宏程序应用

如何使加工中心这种高效自动化机床更好地发挥效益，其关键之一，就是开发和提高数控系统的使用性能。B 类宏程序的应用，是提高数控系统使用性能的有效途径。B 类宏程序与 A 类宏程序有许多相似之处，因而，下面就在 A 类宏程序的基础上，介绍 B 类宏程序的应用。

宏程序的定义：由用户编写的专用程序，它类似于子程序，可用规定的指令作为代号，以便调用。宏程序的代号称为宏指令。

宏程序的特点：宏程序可使用变量，可用变量执行相应操作；实际变量值可由宏程序指令赋给变量。

8.1 基本指令

8.1.1 宏程序的简单调用格式

宏程序的简单调用是指在主程序中，宏程序可以被单个程序段单次调用。

调用指令格式：G65　P（宏程序号）　　L（重复次数）（变量分配）

其中，G65——宏程序调用指令

P（宏程序号）——被调用的宏程序代号；

L（重复次数）——宏程序重复运行的次数，重复次数为 1 时，可省略不写；

（变量分配）——为宏程序中使用的变量赋值。

宏程序与子程序相同的一点是，一个宏程序可被另一个宏程序调用，最多可调用 4 重。

8.1.2 宏程序的编写格式

宏程序的编写格式与子程序相同。其格式为：

O ～ （0001～8999 为宏程序号）　　　//程序名

N10 ……　　　　　　　　　　　　　//指令

　　　。

．．

N～ M99　　　　　　　　　　　　　//宏程序结束

在上述宏程序内容中，除通常使用的编程指令外，还可使用变量、算术运算指令及其他控制指令。变量值在宏程序调用指令中赋给。

8.1.3 变量

（1）变量的分配类型 I。

这类变量中的文字变量与数字序号变量之间有如表 8-1 所示确定的关系。

表 8-1　　　　　　　　　文字变量与数字序号变量之间的关系

A	#1	I	#4	T	#20
B	#2	J	#5	U	#21
C	#3	K	#6	V	#22
D	#7	M	#13	W	#23
E	#8	Q	#17	X	#24
F	#9	R	#18	Y	#25
H	#11	S	#19	Z	#26

在表 8-1 中，文字变量为除 G、L、N、O、P 以外的英文字母，一般可不按字母顺序排列，但 I、J、K 例外；#1～#26 为数字序号变量。

【例】 G65　　P1000 A1.0　　B2.0　　I3.0

则上述程序段为宏程序的简单调用格式，其含义为：调用宏程序号为 1000 的宏程序运行一次，并为宏程序中的变量赋值，其中，#1 为 1.0，#2 为 2.0，#4 为 3.0。

（2）变量的级别。

a. 本级变量#1～#33。

作用于宏程序某一级中的变量称为本级变量，即这一变量在同一程序级中调用时含义相同，若在另一级程序（如子程序）中使用，则意义不同。本级变量主要用于变量间的相互传递，初始状态下未赋值的本级变量即空白变量。

b. 通用变量#100～#144，#500～#531。

可在各级宏程序中被共同使用的变量称为通用变量，即这一变量在不同程序级中调用时含义相同。因此，一个宏程序中经计算得到的一个通用变量的数值，可以被另一个宏程序应用。

8.1.4 算术运算指令

变量之间进行运算的通常表达形式是：#i　　=（表达式）

（1）变量的定义和替换。

#i　=#j

（2）加减运算。

#i　=#j　+　#k　　　　　// 加

#i　=#j　–　#k　　　　　//减

（3）乘除运算。

#i　=#j　×　#k　　　　　　　　　　　//乘

#i　=#j　/　#k　　　　　　　　　　　//除

（4）函数运算。

#i　=SIN［#j］　　　　　　　　　　　//正弦函数（单位为度）

#i　=COS［#j］　　　　　　　　　　//余函数（单位为度）

#i　=TANN［#j］　　　　　　　　　//正切函数（单位为度）

#i　=ATANN［#j］/　#k　　　　　　//反正切函数（单位为度）

#i　=SQRT［#j］　　　　　　　　　//平方根

#i　=ABS［#j］　　　　　　　　　　//取绝对值

（5）运算的组合。

以上算术运算和函数运算可以结合在一起使用，运算的先后顺序是：函数运算、乘除运算、加减运算。

（6）括号的应用。

表达式中括号的运算将优先进行。连同函数中使用的括号在内，括号在表达式中最多可用 5 层。

8.1.5　控制指令

（1）条件转移。

编程格式：IF　　［条件表达式］　　GOTO　n

以上程序段含义为：

a. 如果条件表达式的条件得以满足，则转而执行程序中程序号为 n 的相应操作，程序段号 n 可以由变量或表达式替代；

b. 如果表达式中条件未满足，则顺序执行下一段程序；

c. 如果程序作无条件转移，则条件部分可以被省略；

d. 表达式可按如下书写：

#j　EQ　#k　　　　　表示 =

#j　NE　#k　　　　　表示 ≠

#j　GT　#k　　　　　表示 >

#j　LT　#k　　　　　表示 <

#j　GE　#k　　　　　表示 ≥

#j　LE　#k　　　　　表示 ≤

（2）重复执行。

编程格式：WHILE ［条件表达式］DO m（m＝1，2，3）

     ⋮

    END m

上述"WHILE…END m"程序含意为：

a. 条件表达式满足时，程序段 DO m 至 END m 即重复执行；

b. 条件表达式不满足时，程序转到 END m 后处执行；

c. 如果 WHILE ［条件表达式］部分被省略，则程序段 DO m 至 END m 之间的部分将一直重复执行；

注意：

① WHILE DO m 和 END m 必须成对使用；

② DO 语句允许有 3 层嵌套，即：

DO 1

DO 2

DO 3

END 3

END 2

END 1

③ DO 语句范围不允许交叉，即如下语句是错误的：

DO 1

DO 2

END 1

END 2

以上仅介绍了 B 类宏程序应用的基本问题，有关应用详细说明，请查阅 FANUC – 0i 系统说明书。

8.1.6 应用举例

如图 8 – 1 所示的圆环点阵孔群中各孔的加工，我们曾经用 A 类宏程序解决过这类问题，这里再试用 B 类宏程序方法来解决问题。

宏程序中将用到下列变量：

#1——第一个孔的起始角度 A，在主程序中用对应的文字变量 A 赋值；

#3——孔加工固定循环中 R 平面值 C，在主程序中用对应的文字变量 C 赋值；

#9——孔加工的进给量值 F，在主程序中用对应的文字变量 F 赋值；

#11——要加工孔的孔数 H，在主程序中用对应的文字变量 H 赋值；

#18——加工孔所处的圆环半径值 R，在主程序中用对应的文字变量 R 赋值；

#26——孔深坐标值 Z，在主程序中用对应的文字变量 Z 赋值；

#30——基准点，即圆环形中心的 X 坐标值 X_0；

#31——基准点，即圆环形中心的 Y 坐标值 Y_0；

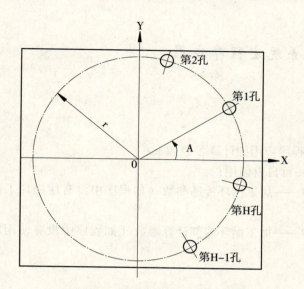

图 8-1　圆环点阵孔群的加工

#32——当前加工孔的序号 i；

#33——当前加工第 i 孔的角度；

#100——已加工孔的数量；

#101——当前加工孔的 X 坐标值，初值设置为圆环形中心的 X 坐标值 X_0；

#102——当前加工孔的 Y 坐标值，初值设置为圆环形中心的 Y 坐标值 Y_0。

用户宏程序编写如下：

O8000	
N8010　#30 = #101	//基准点保存
N8020 #31 = #102	//基准点保存
N8030 #32 = 1	//计数值置 1
N8040 WHILE［#32 LE ABS［#11］］DO1	//进入孔加工循环体 N8050
#33 = #1 + 360 ×［#32 - 1］/#11	//计算第 i 孔的角度
N8060　#101 = #30 + #18 × COS［#33］	//计算第 i 孔的 X 坐标值 N8070
#102 = #31 + #18 × SIN［#33］	//计算第 i 孔的 Y 坐标值
N8080　G90 G81 G98 X#101 Y#102 Z#26 R#3 F#9	//钻削第 i 孔
N8090　#32 = #32 + 1	//计数器对孔序号 i 计数累加
N8100　#100 = #100 + 1	//计算已加工孔数
N8110 END1	//孔加工循环体结束
N8120 #101 = #30	//返回 X 坐标初值 X_0
N8130 #102 = #31	//返回 Y 坐标初值 Y_0
M99	//宏程序结束

在主程序中调用上述宏程序的调用格式为：

G65 P8000 A ~ C ~ F ~ H ~ R ~ Z ~

上述程序段中各文字变量后的值均应按零件图样中给定值来赋值。

8.2 SIEMENS 系统宏程序应用

8.2.1 计算参数

SIEMENS 系统宏程序应用的计算参数如下：

（1）R0 ~ R99——可自由使用；

（2）R100 ~ R249——加工循环传递参数（如程序中没有使用加工循环，这部分参数可自由使用）；

（3）R250 ~ R299——加工循环内部计算参数（如程序中没有使用加工循环，这部分参数可自由使用）。

8.2.2 赋值方式

为程序的地址字赋值时，在地址字之后应使用" = "，N、G、L 除外。

【例】G00 X = R2

8.2.3 控制指令

控制指令主要有：

IF 条件 GOTOF 标号

IF 条件 GOTOB 标号

说明：

IF——如果满足条件，跳转到标号处；如果不满足条件，执行下一条指令；

GOTOF——向前跳转；

GOTOB——向后跳转；

标号——目标程序段的标记符，必须要由 2 ~ 8 个字母或数字组成，其中开始两个符号必须是字母或下划线。标记符必须位于程序段首；如果程序段有顺序号字，标记符必须紧跟顺序号字；标记符后面必须为冒号。

条件——计算表达式，通常用比较运算表达式，比较运算符如表 8 - 2 所示。

表 8 - 2　　　　　　　　　　　　　　　比较运算符

比较运算符	意　义
= =	等于
< >	不等于
>	大于

续表

比较运算符	意　义
<	小于
> =	大于或等于
< =	小于或等于

【例】

……

N10 IF R1 < 10 GOTOF LAB1

……

N100 LAB1：G0 Z80

8.2.4　应用举例

用镗孔循环 LCYC85 加工如图 8 - 2 所示矩阵排列孔，无孔底停留时间，安全间隙 2mm。

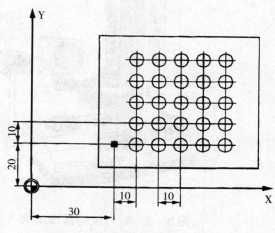

N10 G0 G17 G90 F1000 T2 D2 S500 M3；

N20 X10. Y10. Z105. ；

N30 R1 = 0；

N40 R101 = 105 R102 = 2 R103 = 102 R104 = 77 R105 = 0 R107 = 200 R108 = 100；

N50 R115 = 85　R116 = 30　R117 = 20 R118 = 10　R119 = 5 R120 = 0 R121 = 10；

N60 MARKE1：LCYC60；

N70 R1 = R1 + 1 R117 = R117 + 10；

N80 IF R1 < 5 GOTOB MARKE1；

N90 G0 G90 X10. Y10. Z105. ；

N100 M02；

图 8 - 2　矩阵排列孔加工

8.3　加工中心的调整

加工中心是一种功能较多的数控加工机床，具有铣削、镗削、钻削、螺纹加工等多种工艺手段。在使用多把刀具时，尤其要注意准确地确定各把刀具的基本尺寸，即正确的对刀。对有回转工作台的加工中心，还应特别注意工作台回转中心的调整，以确保加工质量。

8.3.1 加工中心的对刀方法

在本书关于"加工坐标系设定"的内容中，已介绍了通过对刀方式设置加工坐标系的方法，这一方法也适用于加工中心。由于加工中心具有多把刀具，并能实现自动换刀，因此需要测量所用各把刀具的基本尺寸，并存入数控系统，以便加工中调用，即进行加工中心的对刀。加工中心通常采用机外对刀仪实现对刀。

对刀仪的基本结构如图8-3所示。在图8-4中，对刀仪平台7上装有刀柄夹持轴2，用于安装被测刀具，如图8-5所示钻削刀具。通过快速移动单键按钮4和微调旋钮5或6，可调整刀柄夹持轴2在对刀仪平台7上的位置。当光源发射器8发光，将刀具刀刃放大投影到显示屏幕1上时，即可测得刀具在X（径向尺寸）、Z（刀柄基准面到刀尖的长度尺寸）方向的尺寸。

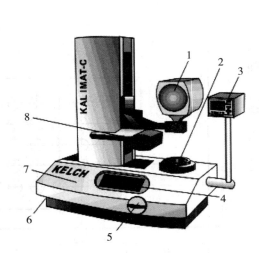

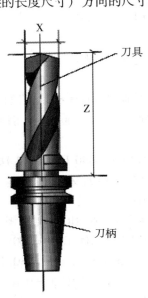

图8-3　对刀仪的基本结构　　　　图8-4　钻削刀具

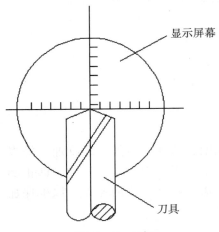

图8-5　对刀

钻削刀具的对刀操作过程如下：

（1）将被测刀具与刀柄连接安装为一体；

（2）将刀柄插入对刀仪上的刀柄夹持轴2，并紧固；

（3）打开光源发射器8，观察刀刃在显示屏幕1上的投影；

（4）通过快速移动单键按钮4和微调旋钮5或6，可调整刀刃在显示屏幕1上的投影位置，使刀具的刀尖对准显示屏幕1上的十字线中心，如图8-5；

（5）测得X为20，即刀具直径为φ20mm，该尺寸可用作刀具　半径补偿；

（6）测得Z为180.002，即刀具长度尺寸为

180.002mm，该尺寸可用作刀具长度补偿；

（7）将测得尺寸输入加工中心的刀具补偿页面；

（8）将被测刀具从对刀仪上取下后，即可装上加工中心使用。

8.3.2 加工中心回转工作台的调整

多数加工中心都配有回转工作台如图8－6所示，实现在零件一次安装中多个加工面的加工。如何准确测量加工中心回转工作台的回转中心，对被加工零件的质量有着重要的影响。下面以卧式加工中心为例，说明工作台回转中心的测量方法。

工作台回转中心在工作台上表面的中心点上。

工作台回转中心的测量方法有多种，这里介绍一种较常用的方法，所用的工具有：一根标准芯轴、百分表（千分表）、量块。

（1）X向回转中心的测量。

测量的原理：

将主轴中心线与工作台回转中心重合，这时主轴中心线所在的位置就是工作台回转中心的位置，则此时 X 坐标的显示值就是工作台回转中心到 X 向机床原点的距离 X。工作台回转中心 X 向的位置，如图8－6a 所示。

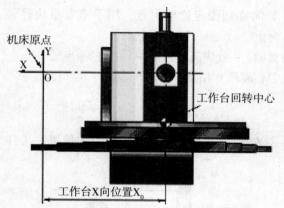

图8－6 加工中心回转工作台回转中心的位置 a）X 向位置

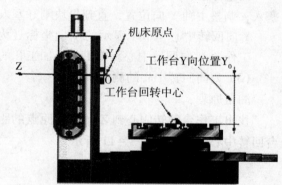

图8－7 加工中心回转工作台回转中心的位置 b）Y 向位置

测量方法：

a. 如图8－9所示，将标准芯轴装在机床主轴上，在工作台上固定百分表，调整百分表的位置，使指针在标准芯轴最高点处指向零位。

b. 将芯轴沿 +Z 方向退出 Z 轴。

c. 将工作台旋转180°，再将芯轴沿 −Z 方向移回原位。观察百分表指示的偏差然后调整 X 向机床坐标，反复测量，直到工作台旋转到 0°和180°两个方向百分表指针指示的读数完全一样时，这时机床 CRT 上显示的 X 向坐标值即为工作台 X 向回转中心的位置。

工作台 X 向回转中心的准确性决定了调头加工工件上孔的 X 向同轴度精度。

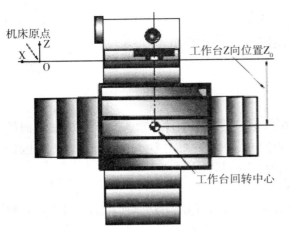

图 8 – 8 加工中心回转工作台回转
中心的位置 c）Z 向位置

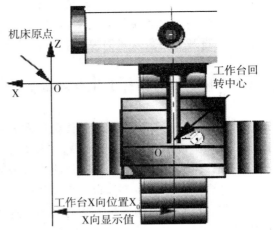

图 8 – 9 X 向回转中心的测量

（2）Y 向回转中心的测量。

测量原理：找出工作台上表面到 Y 向机床原点的距离 Y_0，即为 Y 向工作台回转中心的位置。工作台回转中心位置如图 8 – 10 所示。

测量方法：如图 8 – 10 所示，先将主轴沿 Y 向移到预定位置附近，用手拿着量块轻轻塞入，调整主轴 Y 向位置，直到量块刚好塞入为止。

Y 向回转中心 = CRT 显示的 Y 向坐标（为负值）– 量块高度尺寸 – 标准芯轴半径

工作台 Y 向回转中心影响工件上加工孔的中心高尺寸精度。

（3）Z 向回转中心的测量。

测量原理：

找出工作台回转中心到 Z 向机床原点的距离 Z_0 即为 Z 向工作台回转中心的位置。工作台回转中心的位置如图 8 – 11 所示。

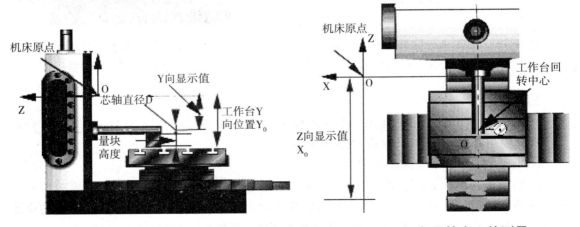

图 8 – 10 Y 向回转中心的测量

图 8 – 11 Z 向回转中心的测量

　　测量方法：如图 8 - 11 所示，当工作台分别在 0° 和 180° 时，移动工作台以调整 Z 向坐标，使百分表的读数相同，则：

　　Z 向回转中心 = CRT 显示的 Z 向坐标值 Z 向回转中心的准确性，影响机床调头加工工件时两端面之间的距离尺寸精度（在刀具长度测量准确的前提下）。反之，它也可修正刀具长度测量偏差。

　　机床回转中心在一次测量得出准确值以后，可以在一段时间内作为基准。但是，随着机床的使用，特别是在机床相关部分出现机械故障时，都有可能使机床回转中心出现变化。例如，机床在加工过程中出现撞车事故、机床丝杠螺母松动时等。因此，机床回转中心必须定期测量，特别是在加工相对精度较高的工件之前应重新测量，以校对机床回转中心，从而保证工件加工的精度。

第 9 章

箱体类零件加工工艺制定实例

数铣与加工中心擅长箱体类零件的加工，其加工工艺设计包括研究零件图、工艺分析、制定工艺规程、确定所需的工装设备、确定加工顺序和加工方法、确定切削参数、手工或计算机编写数控程序、详尽的准备文件和加工文件等数控加工中的八个重要环节，处理正确与否关系到所编制零件加工程序的正确性与合理性，其工艺方案的好坏直接影响数控加工的质量、效益以及程序编制的效率。如图 9-1 所示某型注塑机模板图，在确定加工内容后，根据被加工零件图样对工件的形状、尺寸、技术要求进行审查与分析，选择加工方案，确定加工顺序、加工路线、装夹方式、刀具及切削参数等，同时还要考虑所用数控机床的指令功能，充分发挥机床的效能，尽量缩短走刀路线，减少编程工作量。

9.1 箱体类数铣与加工中心加工零件图研究（审查零件图）

数控工艺分析与设计中如对图 9-1 零件图的研究，首先从以下四个方面入手：

（1）审查零件图的完整性和正确性。对轮廓零件，审查构成轮廓各几何元素的尺寸或相互关系的标准是否准确完整。在实际工件中常常会遇到图纸中给出的几何元素的相互关系不正确，缺尺寸，使编程计算无法完成。或虽然给出了几何元素的相互关系，但同时又给出了相互矛盾的相关尺寸，尺寸多余等同样给编程带来困难。

（2）审查零件图样中构成轮廓的几何元素是否充分。由于零件设计人员在设计过程中考虑不周或被疏忽，常常出现构成零件轮廓的几何元素条件不充分或模糊不清的情况，如圆弧与直线到底相切还是相交，含糊不清，有些明明画的是相互，但根据图样给出的尺寸计算相切条件不充分而变动相交或相离状态，使编程无从下手，有时所给条件又过于苛刻或自相矛盾，增加了数学处理与基点计算的难度，因为在自动编程时，要对构成轮廓的所有几何元素进行定义，手工编程时要计算出每一个基点坐标，无论哪一点不明确或不确定，编程都无法进行，所以在审查图样时一定要仔细认真。

（3）审查零件图中的尺寸标准方式是否适应数控加工的特点。对数控加工来说，最倾向于以同一基准引注尺寸或直接给出坐标尺寸，这种标准方法既便于编程，也便于尺寸之间的相互协调，在保持设计、工艺、检测基准与编程原点位置的一致性方面带来很大方便，由于零件设计人员往往在尺寸标准中较多地考虑装机等使用性能，而不得不采取局部分散的标准方法，这样会给工序安排与数控加工带来诸多不全。事实上，由于数控加工精度及重复定

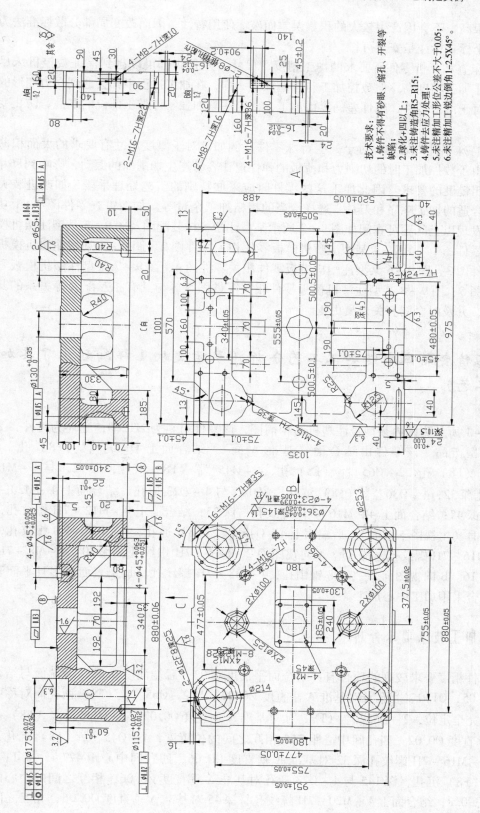

技术要求：
1. 铸件不得有砂眼、缩孔、开裂等缺陷。
2. 球化四级以上；
3. 铸件去应力处理；
4. 未注铸造角R5~R15；
5. 未注精加工形位公差不大于0.05；
6. 未注精加工锐边倒角1~2.5X45°。

图 9-1 某型注塑机模板图

位精度都很高，不会因产生较大的积累误差而破坏使用特性，因而改变局部分散标准法为集中引注或坐标式标注是安全可行。

（4）审查和分析零件所要求的加工精度，尺寸公差是否都可以得到保证数控机床尽管比普通机床加工精度高，但数控加工与普通加工一样，在加工过程中都会遇到受力变形的困扰，因此对于薄壁零件，刚性差的零件加工，一定注意加强零件加工部位的刚性，防止变形的产生。

（5）特殊零件的处理。对于一些特殊零件，例如，对于厚度尺寸有要求的大面积薄壁板零件，由于数控加工时的切削力和薄板的弹性退让容易产生切削面的振动，影响到尺寸公差和表现粗糙度的要求。因此加工这些零件时应采取特别的工艺处理手段，如改进装夹方式、采用合适的加工顺序和刀具、选择恰当的粗精加工余量等。如在审查零件图 9－1 功能型零件，发现以上问题可查阅如图 9－2 所示某型注塑机械装配图及图 9－3 某型注塑机模板零件相关零件图 1、图 9－4 某型注塑机模板零件相关零件图 2、图 9－5 某型注塑机模板零件相关零件图 3、图 9－6 某型注塑机模板零件相关零件图 4、图 9－7 某型注塑机模板零件相关零件图 5、图 9－8 某型注塑机模板零件相关零件图 5 等与其有相互配合等关系的其他零件图等，并及时会同有关人员更正。

9.2 高精度箱体零件加工工艺分析（参考文献 1 详细列出了其加工工艺）

图 9－1 所示为国内某型号注塑机结构简图，该零件材料为 HT200，毛坯为铸件，为批量生产类型产品。该零件由结合面（基准 A 面）、结合面上 $Ø130_{+0.0}^{+0.035}$（F8）孔、4－$Ø115_{+0.012}^{+0.027}$（F8）孔、2－$Ø65_{+0.12}^{+0.27}$（F8）孔、4－$Ø45_{+0.0}^{+0.03}$（F8）沉孔，深 22，与 4－M16－7H 螺纹孔深 32；4－$Ø36_{+0.0}^{+0.03}$（F8）沉孔，深 145 与 4－Ø23 通孔、结合面上 4－M20－7H 螺纹孔，深 45；结合面上 4－M16－7H 螺纹孔，深 35；结合面上 8×M12－7H 螺纹孔，深 20。后端面（主视图下表面）、后端面上 4－$Ø45_{+0.0}^{+0.03}$（F8）通孔；8－M24－7H 螺纹孔，深 45；4－M16－7H 螺纹孔，深 35。A 向视图面 2－M16－7H 螺纹孔，深 30；4－M8－7H 螺纹孔，深 16。B 向视图面 2－%C8 锥销孔，4－M8－7H 螺纹孔。加工表面较多且平面和各种孔，适合采用加工中心加工。

9.2.1 加工技术要求分析

该零件精度要求较高的项目有：结合面平面度 0.03，后端面度 0.05，后端面与结合面平行度 0.05，$Ø130_{+0.0}^{+0.035}$孔及对基准 A 垂直度 Ø0.02，与 2－$Ø65_{+0.12}^{+0.27}$（F8）两孔间对称中心距 277.5 完全定位，2－$Ø65_{+0.12}^{+0.27}$（F8）孔对基准 A 垂直度 Ø0.02；4－$Ø115_{+0.012}^{+0.027}$（F8）孔对基准 A 垂直度 Ø0.02，四孔间中心距 755 相互之间的位置度，4－$Ø45_{+0.0}^{+0.03}$（F8）沉孔，深 22，与 4－M16－7H 螺纹孔深 32 对基准 A 垂直度 Ø0.06，四孔间中心距 477＋－0.1；4－$Ø36_{+0.0}^{+0.03}$（F8）沉孔，深 145 与 4－Ø23 通孔对基准 A 垂直度 Ø0.06，相互之间的中心的中心距 180±0.2；结合面上 4－M20－7H 螺纹孔，深 45 对基准 A 垂直度 Ø0.06，相互之间的

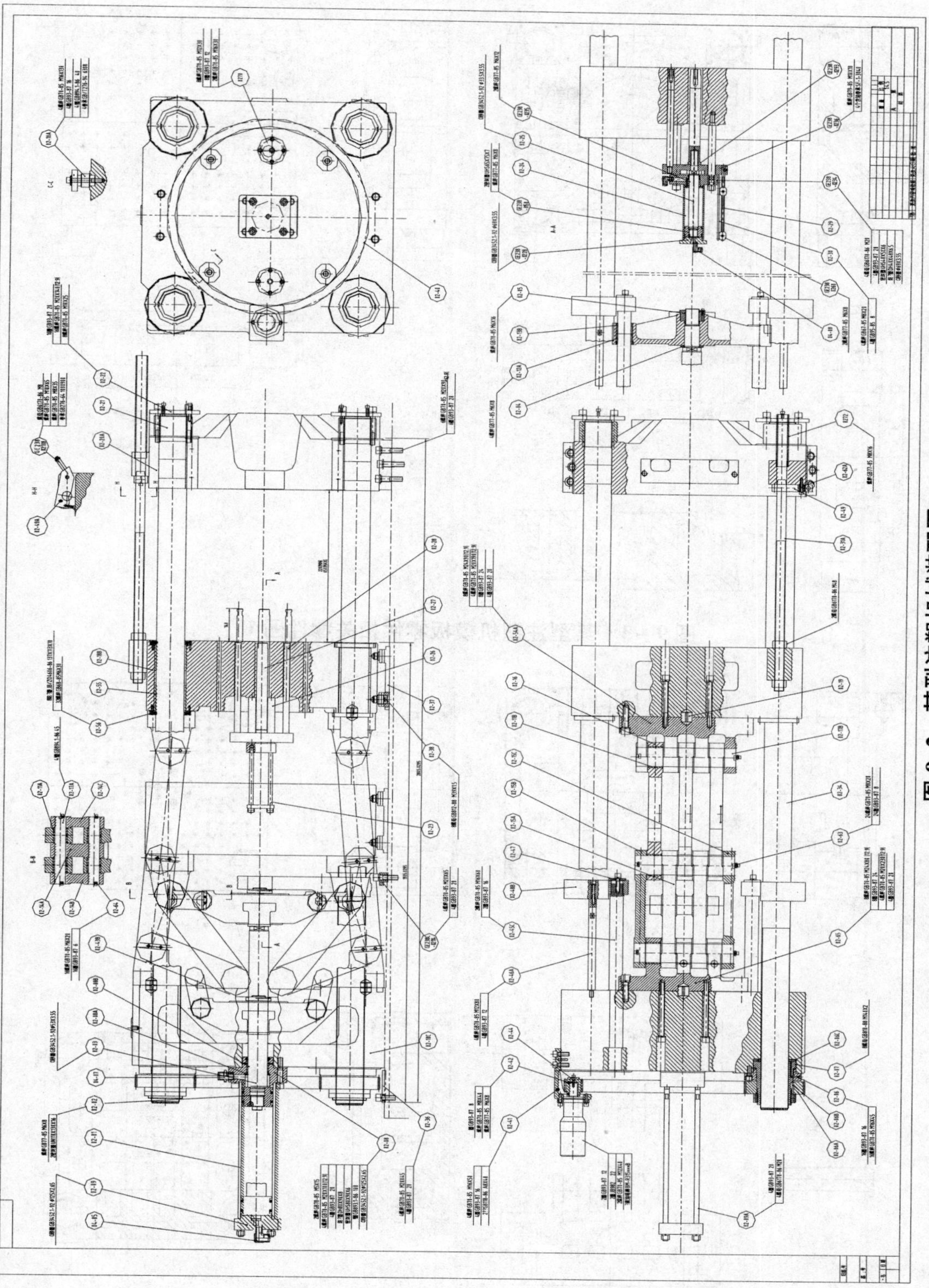

图 9-2　某型注塑机械装配图

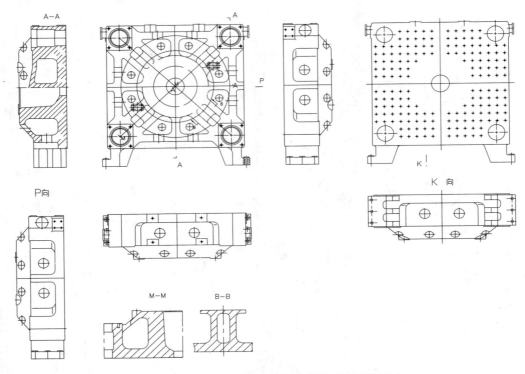

图 9 – 3 某型注塑机模板零件相关零件图 1

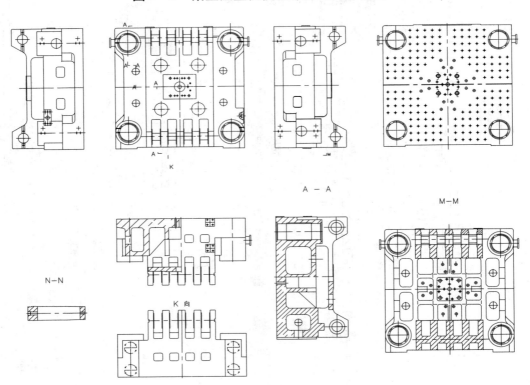

图 9 – 4 某型注塑机模板零件相关零件图 2

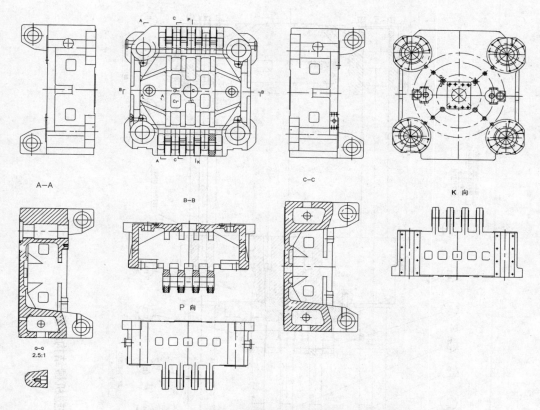

图 9-5 某型注塑机模板零件相关零件图 3

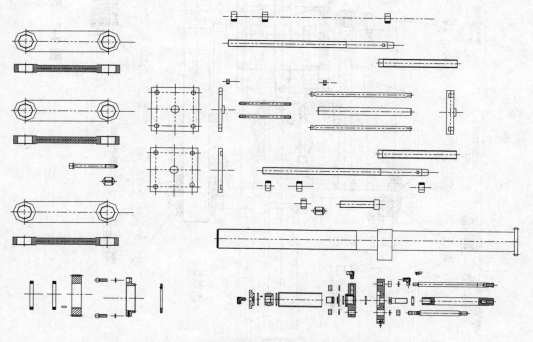

图 9-6 某型注塑机模板零件相关零件图 4

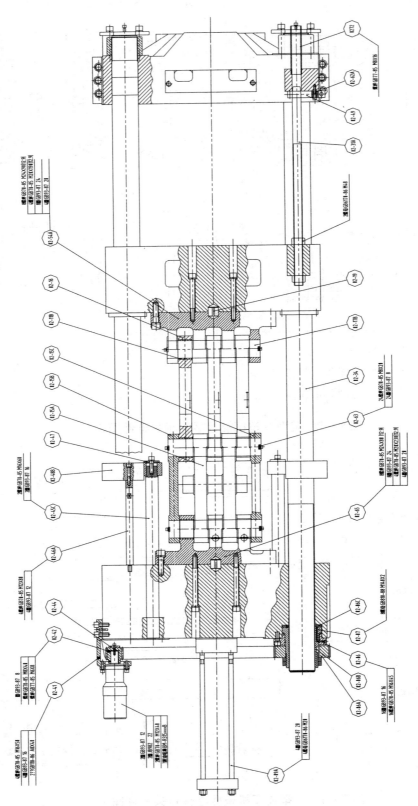

图 9-7　某型注塑机械结构示意图

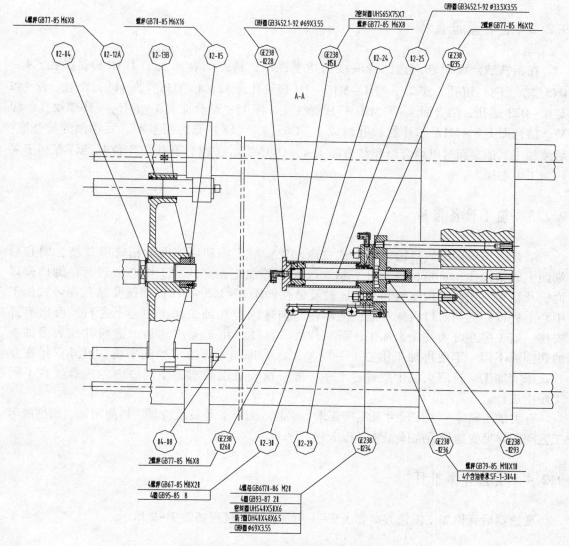

图 9 - 8　某型注塑机械结构示意图

中心尺寸；结合面上 4 - M16 - 7H 螺纹孔，深 35 对基准 A 垂直度 Ø0.06，相互之间的中心尺寸；结合面上 8 × M12 - 7H 螺纹孔，深 20 对基准 A 垂直度 Ø0.06，相互之间的中心尺寸。后端面（主视图下表面）、后端面上 4 - Ø45 $^{+0.03}_{+0.0}$（F8）通孔对基准 A 垂直度 Ø0.02，相互之间的中心尺寸；8 - M24 - 7H 螺纹孔，深 45 对基准 A 垂直度 Ø0.02，相互之间的中心尺寸；4 - M16 - 7H 螺纹孔，深 35 对基准 A 垂直度 Ø0.02，相互之间的中心尺寸。A 向视图面 2 - M16 - 7H 螺纹孔，深 30 对基准 A 垂直度 Ø0.02，相互之间的中心尺寸；4 - M8 - 7H 螺纹孔，深 16 对基准 A 垂直度 Ø0.02，相互之间的中心尺寸。B 向视图面 2 - Ø8 锥销孔对基准 A 垂直度 Ø0.02，相互之间的中心尺寸；4 - M8 - 7H 螺纹孔对基准 A 垂直度 Ø0.02，相互之间的中心尺寸。

9.2.2 定位基准选择

在粗铣结合面时选周边凸缘底线为粗基准线，精铣结合面及加工 $\varnothing130^{+0.035}_{+0.0}$ 孔、4 – $\varnothing45^{+0.03}_{+0.0}$（F8）沉孔，深 22，与 4 – M16 – 7H 螺纹孔深 32；4 – $\varnothing36^{+0.03}_{+0.0}$（F8）沉孔，深 145 与 4 – $\varnothing23$ 通孔、结合面上 4 – M20 – 7H 螺纹孔，深 45；结合面上 4 – M16 – 7H 螺纹孔，深 35；结合面上 8×M12 – 7H 螺纹孔时以 2 – $\varnothing65^{+0.27}_{+0.12}$（F8）孔为粗基准、后端面为精基准，后续加工其他表面时以结合面和结合面上 4 – $\varnothing115^{+0.027}_{+0.012}$（F8）孔作位定位基准，有利于采用加工中心加工。

9.2.3 加工设备选择

结合面和后端面的粗铣采用立式铣床加工；结合面和后端面的精铣以及结合面和后端面上的钻铰孔、粗精镗各轴孔、钻螺纹底孔等加工在立式加工中心上进行；倒挡窗口面铣及钻孔、变速机构座面和小盖面铣及钻孔、M18×1.5 – 6H 侧面铣及钻孔在卧式加工中心上进行；倒挡窗口内侧双面铣削不便与前述内容在卧式加工中心上进行，所以另外安排一道工序在卧式铣床上加工；所有攻螺纹加工，由于采用的加工液与其他表面加工的切削液不同，不便再加工中心上一同加工，安排同时考虑节拍的平衡，另外安排在立式铣床上加工。按照大量生产每道工序一般一次安装的要求，不同方向的攻螺纹在不同工序中进行。

有关加工顺序、工序尺寸及工序要求，夹具、刀具、量具及检具，切削用量、切削液等工艺问题详见变速器后壳体工艺过程卡和工序卡。

9.2.4 工艺方案拟订

变速器后壳体加工工艺方案如表 9 – 1 所示，工艺过程如表 9 – 2 所示。

表 9 – 1   注塑机模板加工工艺方案

加工内容	加工工艺方案
下端凸台面	（铸造毛坯定型尺寸控制尺寸 15 ± 1.25，总高尺寸 348 ± 2.0）粗铣控制尺寸 11 ± 0.1 与 345.5 ± 1.5
上端凸台面	（铸造毛坯定型尺寸控制尺寸 8 ± 1.5，）粗铣控制尺寸 5 ± 0.1 与 342 ± 0.15
上端凸台面 2 – φ12F8 工艺定位孔钻铰	钻中心孔 – 钻孔 2 – φ11.5 – 镗孔 2 – φ11.8 – 铰孔 2 – φ12F8
下端凸台面	精铣控制尺寸 10 ± 0.1 与 341 ± 0.1

续表

加工内容	加工工艺方案
下端凸台面上 140X24X10 槽	粗铣 – 精铣　控制尺寸 24 +0.1 –0 深 10.5
4 – Ø$115_{0.012}^{-0.027}$ 孔	粗镗 4 – φ114.6 ~ φ114.7 – 孔口倒角 C1 – 精镗 φ115.012 ~ φ115.027 通孔
4 – Ø$45_{0.01}^{-0.03}$ 孔	粗镗 φ44.6 ~ φ44.8 – 孔口倒角 C1 – 精镗 φ45 ~ φ45.03 深 22.01
4 – φ23 孔	φ23 通孔。
下端凸台面上 8 – M24 – 7H 螺纹孔	钻孔 4 – φ21.6 ~ φ21.7 深 50
下端凸台面上 4 – M16 – 7H 螺纹孔	钻孔 4 – （φ13.6 ~ φ13.7）40
下端凸台面 2 – φ12F8 工艺定位孔钻铰	钻中心孔 – 钻孔 2 – φ11.5 – 镗孔 2 – φ11.8 – 铰孔 2 – φ12F8 深 25
上端凸台面	精铣控制尺寸 340 ± 0.05
4 – Ø$175_{0.012}^{-0.035}$ 孔	粗镗 φ174.6 ~ φ174.7 – 孔口倒角深 60.1C1 – 精镗 φ175.012 ~ φ175.027 深 60
4 – Ø$130_{0.012}^{-0.027}$ 孔	粗镗 φ129.6 ~ φ129.7 – 孔口倒角 C1 – 精镗 φ130 ~ φ130.035 通孔
2 – Ø$65_{0.12}^{-0.27}$ 孔	粗镗 2 – φ64.7 ~ φ64.8 – 孔口倒角 C1 – 精镗 2 – φ65.12 ~ φ65.27 通孔
4 – Ø$45_{0.01}^{-0.03}$ 孔	粗镗 φ44.6 ~ φ44.8 – 孔口倒角 C1 – 精镗 φ45 ~ φ45.03 深 22.01
4 – Ø$36_{0.01}^{-0.03}$ 孔	粗镗 φ36.6 ~ φ36.7 – 深 145 – 孔口倒角 C1 – 精镗 φ36 ~ φ36.03；深 145
上端凸台面上 4 – M20 – 7H 螺纹孔	钻孔 4 – （φ17.6 ~ φ17.7）—攻螺纹 4 – M20 – 7H 深 45
上端凸台面上 4 – M16 – 7H 螺纹孔	钻孔 4 – （φ13.6 ~ φ13.7）—攻螺纹 4 – M16 – 7H 深 32
上端凸台面上 16 – M16 – 7H 螺纹孔	钻孔 4 – （φ13.6 ~ φ13.7）—攻螺纹 4 – M16 – 7H 深 35
上端凸台面上 8 – M12 – 7H 螺纹孔	钻孔 4 – （φ10.6 ~ φ10.7）—攻螺纹 4 – M12 – 7H 深 20
A 向凸台面	（铸造毛坯定型尺寸控制尺寸 17.5 ± 1.25，总高尺寸 1010 ± 2.0）粗铣 – 精铣控制 13 ± 0.15，总尺寸 1005.5 ± 1.5
B 向凸台面	粗铣 – 精铣铸造毛坯定型尺寸控制尺寸 13 ± 1.25，总高尺寸 1001 ± 0.15

加工内容	加工工艺方案
上端凸台面上 4 - M20 - 7H 螺纹孔	4 - (φ17.6 ~ φ17.7) —攻螺纹 4 - M20 - 7H 深 45
上端凸台面上 4 - M16 - 7H 螺纹孔	4 - (φ13.6 ~ φ13.7) —攻螺纹 4 - M16 - 7H 深 32
上端凸台面上 16 - M16 - 7H 螺纹孔	4 - (φ13.6 ~ φ13.7) —攻螺纹 4 - M16 - 7H 深 35
上端凸台面上 8 - M12 - 7H 螺纹孔	4 - (φ10.6 ~ φ10.7) —攻螺纹 4 - M12 - 7H 深 20
下端凸台面上 8 - M24 - 7H 螺纹孔	4 - (φ21.6 ~ φ21.7) —攻螺纹 8 - M24 - 7H
下端凸台面上 4 - M16 - 7H 螺纹孔	4 - (φ13.6 ~ φ13.7) —攻螺纹 4 - M16 - 7H 深 35
A 向凸台面上 4 - M16 - 7H 螺纹孔	4 - (φ13.6 ~ φ13.7) —攻螺纹 4 - M16 - 7H 深 35
A 向凸台面上 2 - M8 - 7H 螺纹孔	2 - (φ6.6 ~ φ6.7) —攻螺纹 4 - M8 - 7H 深 15
A 向凸台面上 φ8 锥孔	配作
B 向凸台面上 2 - M8 - 7H 螺纹孔	钻孔 2 - (φ6.6 ~ φ6.7) —攻螺纹 4 - M8 - 7H 深 15
B 向凸台面上钻 3 - M4 - H7 螺纹孔	钻孔 2 - (φ3.5 ~ φ3.6) —攻螺纹 2 - M4 - 7H 深 10

表 9 - 2　　　　　　　　　　　　**注塑机模板工艺过程卡**

零件名称		零件材料	毛坯种类	毛坯硬度	毛量（kg）	净重（kg）	车型
注塑机模板		HT200	铸件				
工序号	工序名称	设备名称	夹具	进给量（mm/r）	主轴转速（m/min）	切削速度（m/min）	切削液
1	粗铣下端凸台面	立式铣床	专用夹具	644（mm/min）	100	110	
2	粗铣上端凸台面	立式铣床	专用夹具	644（mm/min）	100	110	
3	（1）钻铰上凸台面 2 - φ12F8 双销工艺定位孔、钻孔； （2）精铣下端凸台面，粗精铣下端凸台面凹槽，粗精镗各轴孔，钻铰下凸台面 2 - φ12F8 双销工艺定位孔、钻孔； （3）精铣上端凸台面，粗精镗各轴孔，钻铰上凸台面 2 - φ12F8 双销工艺定位孔、钻孔	加工中心	随机夹具				乳化液

	零件名称	零件材料	毛坯种类	毛坯硬度	毛量（kg）	净重（kg）	车型
4	粗/精铣 A 向侧凸台面	卧式铣床	随机夹具	200/450	780/1650	60/126.92	乳化液
5	钻 A 向侧凸台面轴孔	卧式加工中心	随机夹具				乳化液
6	粗/精 B 向凸台面	卧式铣床	随机夹具	200/450	780/1650	60/126.92	乳化液
7	钻 B 向侧凸台面轴孔	卧式加工中心	随机夹具				乳化液
8	攻上端凸台面 4 – M20 – 7H 螺纹孔、4 – M16 – 7H 螺纹孔、16 – M16 – 7H 螺纹孔、4 – M12 – 7H 螺纹孔	立式摇臂钻床	专用夹具	1.45/1.25/10.5	180	12.3/10.2	煤油
9	攻下端凸台面上 8 – M24 – 7H 螺纹孔、4 – M16 – 7H 螺纹孔	立式摇臂钻床	专用夹具	1.55/10.5	180	12.5/10.2	煤油
10	攻 A 向侧凸台面上 4 – M16 – 7H 螺纹孔、A 向侧凸台面上 2 – M8 – 7H 螺纹孔	立式摇臂钻床	专用夹具	1.25/0.9	180	10.2/4.5	煤油
11	攻 B 向侧凸台面上 2 – M8 – 7H 螺纹孔、3 – M4 – H7 螺纹孔	立式摇臂钻床	专用夹具	0.9/0.6	180	4.5/3.4	煤油
12	清洗	清洗机					
13	检查						
编制		审核		批准		第 1 页	

9.2.5 详尽的准备文件和加工文件

在立式铣床上加工（工序 1）的工序简图如图 9 – 9 所示，工序卡如表 9 – 3 所示。

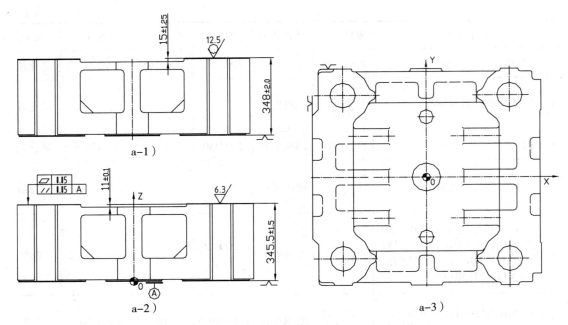

a-1）

a-2）

a-3）

图 9 – 9　工序 1 的工序简图

注：a-1）工序 1 工位 1 工序简图（加工前主视图）；a-2）工序 1 工位 1 工序简图（加工后主视图）；a-3）工序 1 工位 1 工序简图（俯视图）a-3）。

表 9 – 3　　　　　　　　立式铣床上加工（工序 1）工序卡

（工厂）	工序卡片		产品名称或代号	零件名称	材料	零件号
				注塑机模板	HT200	
工序号	工序名称		夹具	使用设备		车间
1	（1）顶平面粗铣		随机夹具	数控立式铣床		
工步号	工步内容	刀具	量具及检具	进给量 F（mm/min）	主轴转速 S（r/min）	切削速度 V_c（m/min）
	工位一（保证下列各尺寸）					
1	（确认毛坯尺寸 348 ± 2.0，15 ± 1.25）；保证尺寸 345.5 ± 1.5，11 ± 0.1 平面度 0.05，平行度 0.05，Ra6.3um	铣刀 SPCN 160416YG8 刀片	游标卡尺型号：0 – 150 精度 0.02mm 深度尺，型号：0 – 500mm 精度 0.02mm 0.04 塞尺 0～5；0.01 百分表，磁力表座	644	100	110
2	锐边倒角 C1	刀片 倒角刀		400	600	56.6

数控加工工序卡		零件图号	零件名称	文件编号	第 页
010		NC 01	注塑机模板		
			工序号	工序名称	材料
			01	粗铣下凸面	HT200
			设备名称	设备型号	
			数控立铣	XK6042	
			主程序名	子程序名	加工原点
			O100		G54
			刀具半径补偿	刀具长度补偿	
			D01 = 40	0	
			F（mm/min）	650	
			S（r/min）	105	
			Vc（m/min）	110	
			工装		
			夹具	刀具名称	
					刀片号
			定心夹具	φ80 FMR – 80RP12 – Z5 E12	PPHX12 04MOSN
					材质
					Sr226 +
			夹具	刀具名称	
					刀片号
					PPHX12 04MOSN
					材质
					Sr226 +

工步号	工步内容		切削液		
1	确认铸造毛坯定型尺寸控制尺寸 15 ± 1.25，总高尺寸 348 ± 2.0				
2	粗铣控制尺寸 11 ± 0.1 与 345.5 ± 1.5 其他参照标注要求				
3					更改者/日期
4					
5			更改标记	更改单号	
6					
工艺员		校对	审定	批准	

在立式铣床上加工（工序2）的工序简图如图9-10所示，工序卡如表9-4所示。

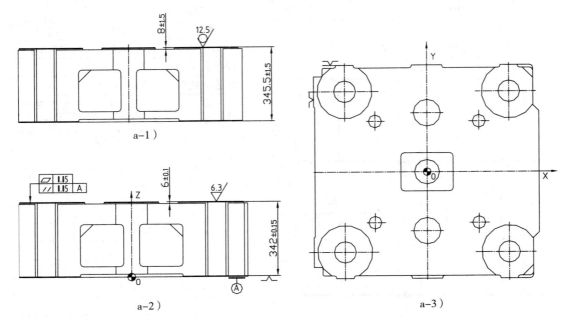

a-1）

a-2）

a-3）

图9-10 工序2的工序简图

注：a-1）工序2工位1工序简图（加工前主视图）；a-2）工序2工位1工序简图（加工后主视图）；a-3）工序2工位1工序简图（俯视图）a-3）。

表9-4   立式铣床上加工（工序2）工序卡

（工厂）	工序卡片		产品名称或代号	零件名称	材料	零件号
				注塑机模板	HT200	
工序号	工序名称		夹具	使用设备		车间
1	（1）顶平面粗铣		随机夹具	数控立式铣床		
工步号	工步内容	刀具	量具及检具	进给量F（mm/min）	主轴转速S（r/min）	切削速度 V_c（m/min）
	工位一（保证下列各尺寸）					
1	（确认毛坯尺寸345.5 ± 1.5，8 ± 1.25）；保证尺寸342 ± 0.15，6 ± 0.1 平面度0.05，平行度0.05，Ra6.3um	铣刀SPCN160416YG8刀片	游标卡尺型号：0-150 精度0.02mm 深度尺，型号：0-500mm 精度0.02mm0.04 塞尺0~5；0.01 百分表，磁力表座	644	100	110
2	锐边倒角C1	刀片 倒角刀		400	600	56.6

数控加工工序卡		零件图号	零件名称	文件编号	第　页
020		NC　03	注塑机模板		
			工序号	工序名称	材料
			02	粗/精铣	HT200
			设备名称	设备型号	
			数控立铣	XK6042	
			主程序名	子程序名	加工原点
			O200/O300		G54
			刀具半径补偿	刀具长度补偿	
			D01 = 40	0	
			F（mm/min）	1145.92	
				590.86	
			S（r/min）	1145.92	
				656.51	
			Vc（m/min）	160	
				165	
			工装		
			夹具	刀具名称	
			定心夹具	φ80 FMR – 80RP12 – Z5 E12	刀片号 PPHX12 04MOSN 材质 Sr226 +
			夹具	刀具名称	
				φ80 FMR – 80RP12 – Z5 E12	刀片号 PPHX12 04MOSN 材质 Sr226 +

工步号	工步内容	切削液		更改者/日期
1	精铣模板下端凸台面			
2	精铣模板下端凸台面			
3				
4				
5		更改标记	更改单号	
6				
工艺员	校对	审定	批准	

在立式加工中心上加工（工序 3）的工序简图如图 9 – 11 所示，工序卡如表 9 – 5
所示。

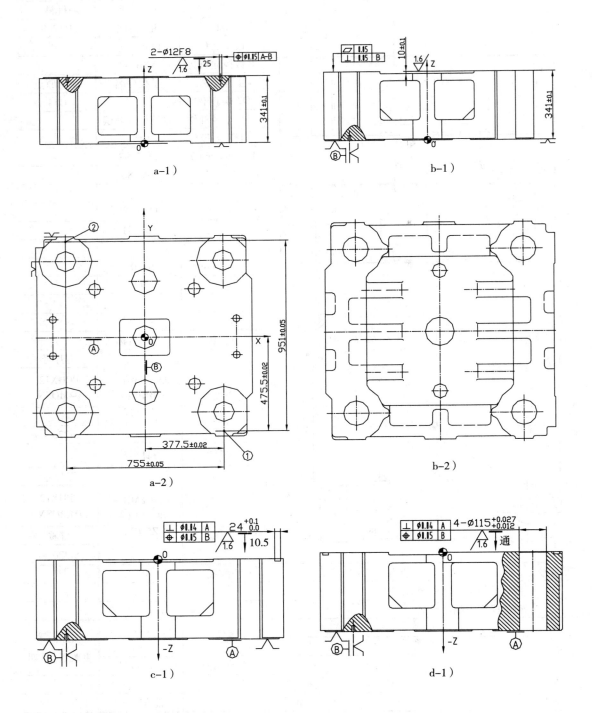

a–1）

b–1）

a–2）

b–2）

c–1）

d–1）

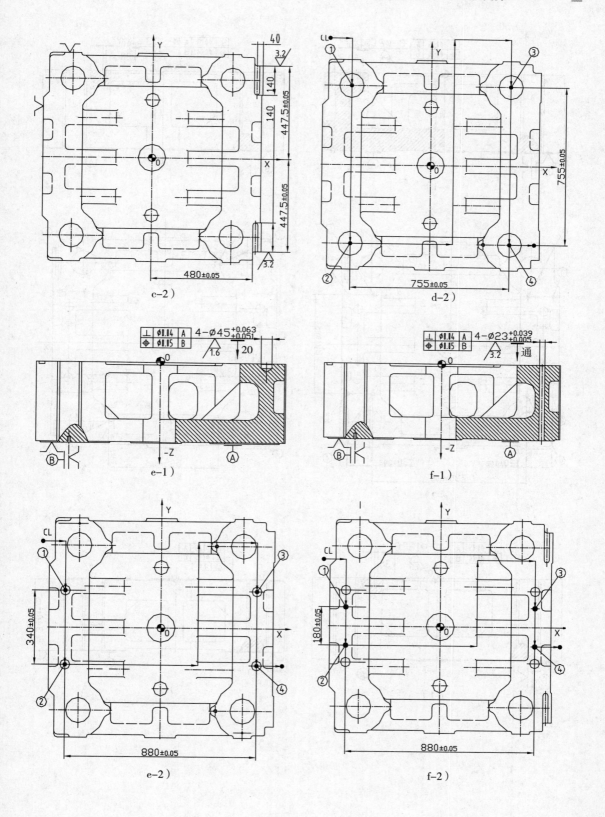

c-2）

d-2）

e-1）

f-1）

e-2）

f-2）

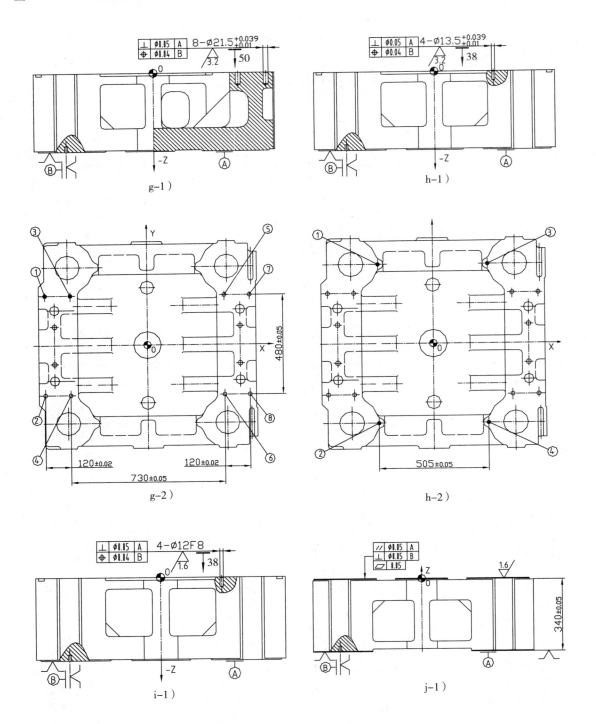

g-1）

h-1）

g-2）

h-2）

i-1）

j-1）

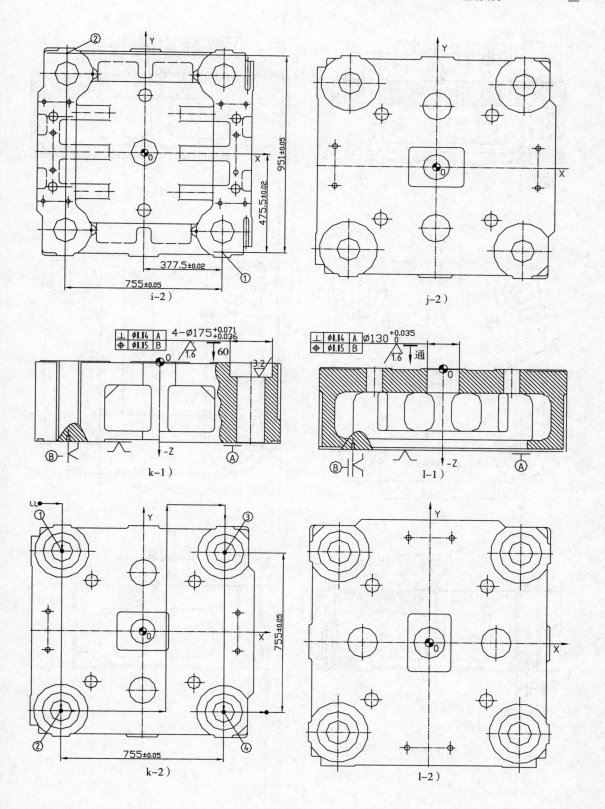

i-2）

j-2）

k-1）

l-1）

k-2）

l-2）

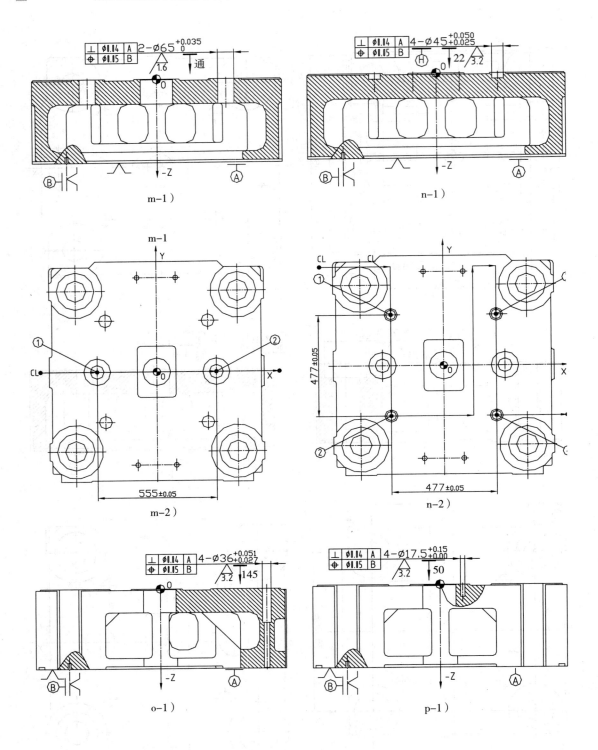

m-1）

n-1）

m-1

m-2）

n-2）

o-1）

p-1）

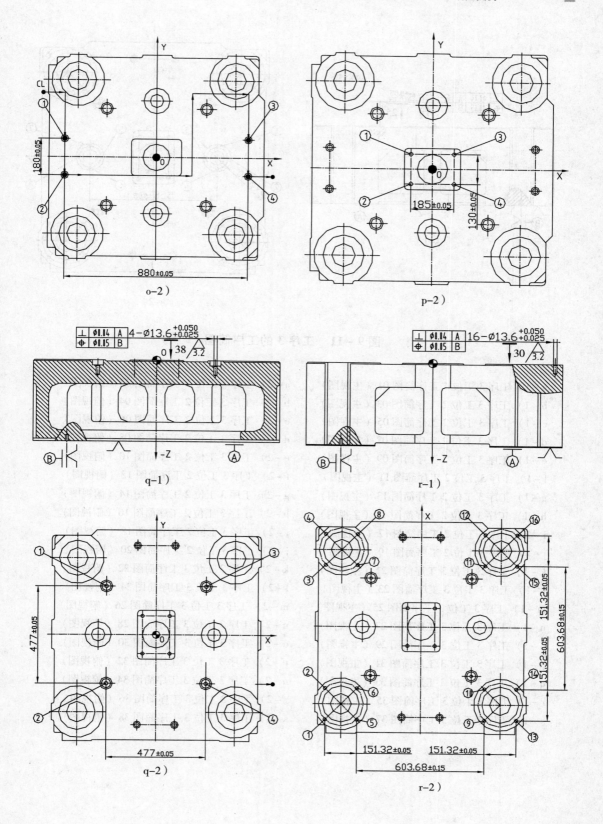

o–2）

p–2）

q–1）

r–1）

q–2）

r–2）

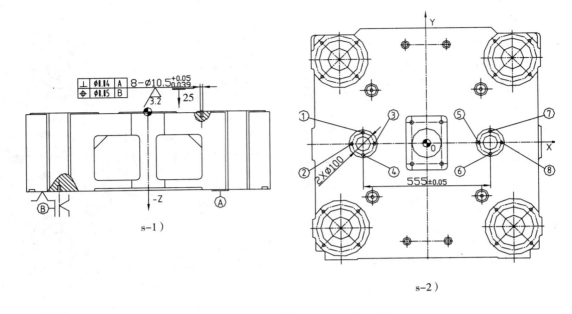

图 9 –11　工序 3 的工序简图

注：
a –1）工序 3 工位 1 工序简图 01（主视图）　　a –2）工序 3 工位 1 工序简图 02（俯视图）

b –1）工序 3 工位 2 工序简图 03（主视图）　　b –2）工序 3 工位 2 工序简图 04（俯视图）

c –1）工序 3 工位 2 工序简图 05（主视图）　　c –2）工序 3 工位 2 工序简图 06（俯视图）

d –1）工序 3 工位 2 工序简图 07（主视图）　　d –2）工序 3 工位 2 工序简图 08（俯视图）

e –1）工序 3 工位 2 工序简图 09（主视图）　　e –2）工序 3 工位 2 工序简图 10（俯视图）

f –1）工序 3 工位 2 工序简图 11（主视图）　　f –2）工序 3 工位 2 工序简图 12（俯视图）

g –1）工序 3 工位 2 工序简图 13（主视图）　　g –2）工序 3 工位 2 工序简图 14（俯视图）

h –1）工序 3 工位 2 工序简图 15（主视图）　　h –2）工序 3 工位 2 工序简图 16（俯视图）

i –1）工序 3 工位 2 工序简图 17（主视图）　　i –2）工序 3 工位 2 工序简图 18（俯视图）

j –1）工序 3 工位 2 工序简图 19（主视图）　　j –2）工序 3 工位 2 工序简图 20（俯视图）

k –1）工序 3 工位 3 工序简图 21（主视图）　　k –2）工序 3 工位 3 工序简图 22（俯视图）

l –1）工序 3 工位 3 工序简图 23（主视图）　　l –2）工序 3 工位 3 工序简图 24（俯视图）

m –1）工序 3 工位 3 工序简图 25（主视图）　　m –2）工序 3 工位 3 工序简图 26（俯视图）

n –1）工序 3 工位 3 工序简图 27（主视图）　　n –2）工序 3 工位 3 工序简图 28（俯视图）

o –1）工序 3 工位 3 工序简图 29（主视图）　　o –2）工序 3 工位 3 工序简图 30（俯视图）

p –1）工序 3 工位 3 工序简图 31（主视图）　　p –2）工序 3 工位 3 工序简图 32（俯视图）

q –1）工序 3 工位 3 工序简图 33（主视图）　　q –2）工序 3 工位 3 工序简图 34（俯视图）

r –1）工序 3 工位 3 工序简图 35（主视图）　　r –2）工序 3 工位 3 工序简图 36（俯视图）

s –1）工序 3 工位 3 工序简图 37（主视图）　　s –2）工序 3 工位 3 工序简图 38（俯视图）

表 9 - 5　　　　　　　**立式加工中心上加工（工序 3）的工序卡**

（工厂）	工序卡片		产品名称或代号	零件名称	材料	零件号
				注塑机模板	HT200	
工序号	工序名称		夹具	使用设备		车间
3	（1）钻铰工艺孔； （2）精铣底面，粗精铣底面凹槽，粗精镗轴孔，钻孔粗精镗各轴孔； （3）精铣顶面，粗精镗顶面各轴孔，钻孔		专用夹具	加工中心		

工步号	工步内容	刀具	量具及检具	进给量 F（mm/min）	主轴转速 S（r/min）	切削速度 V_c（m/min）
	工位一（保证下列各尺寸）					
1	2 - φ12F8 孔钻中心孔；以顶面中心为基准找平面坐标点（377.5 ± 0.02，475.5 ± 0.02）"1"；用 410X90° No.557 定心钻定心。以"1"为基准，控制点（755 ± 0.05，951 ± 0.05）"2"，用 410X90° No.557 定心钻定心	410X90° No.557 定心钻	型号：0～150mm 深度尺，精度 0.02mm	180	1200	37.8
2	2 - φ12F8 孔钻 2 - φ11.5 孔，深 28	φ11.5 钻头	型号：0～150mm 游标卡尺，精度 0.02mm	200	1000	23.5
3	2 - φ12F8 孔镗孔至 2 - φ11.8，深 25.5	镗刀头；刀片	型号：0～25mm 内径千分尺	100	100	24.5
4	铰孔 2 - φ12F8 孔，深 25。Ra1.6um	GB1132 - 12412AF8 铰刀	塞规、检棒	200	400	10
	工位二（以顶平面 2 - φ12F8 销孔与顶平面定位。）保证下列各尺寸					

工步号	工步内容	刀具	量具及检具	进给量 F（mm/min）	主轴转速 S（r/min）	切削速度 V_c（m/min）
5	精铣底平面，保证厚度尺寸 341 ± 0.1，Ra1.6um；保证平面度 0.05，平行度 0.05	125B12R - F453 E12 F - 03 铣刀	深度尺型号 0 ~ 500 测量范围：0 ~ 500 精度 0.02mm；0.05 塞尺 0 ~ 5；0.01 百分表	385	325	127.6
6	粗铣 2 - 24 $+^{0.1}$ 宽底面槽（数控编程前将 24 $+^{0.1}$ 极限偏差值，调整成对称公差值 24.05 ± 0.05.），裕留 0.3mm 余量给精加工. 保证尺寸 480 ± 0.1，2 - 447.5 ± 0.1	EMZ - 20L185 E12 可转位钻铣刀	游标卡尺型号 0 ~ 150/0 ~ 500 测量范围：0 ~ 150/0 ~ 500 精度 0.02mm；深度尺，测量范围：0 ~ 120 精度 0.02mm	588.87	2944.366	185
7	精铣 2 - 24 $+^{0.1}$ 宽底面槽，去除 0.3 余量，保证槽宽 24 $+^{0.1}$，深 10.5，Ra3.2um；保证垂直度 0.04，位置度 0.05	EMZ - 20L185 E12 可转位钻铣刀	游标卡尺型号 0 ~ 150；0.04 塞尺 0 ~ 5；0.01 百分表，磁力表座	439.268	3660.56	230
8	锐边倒角 C1	刀片 倒角刀		400	600	56.6
9	粗铣 4 - $\phi115 + 0.027^ + 0.012$ 孔（数控编程前将 $\phi115 + 0.027^ + 0.012$ 极限偏差值，调整成对称公差值 $\phi115.020 \pm 0.007$），CL 以层铣为主，裕留 1.5mm 余量给半精铣与精镗加工	EMZ - 20L185 E12 可转位钻铣刀	游标卡尺型号 0 ~ 150/0 ~ 1000 精度 0.02mm；内径千分尺 50 ~ 150；塞规；0.04 塞尺 0 ~ 5；0.01 百分表，磁力表座	343.775	2864.789	180
10	半精铣 4 - $\phi115 + 0.027^ + 0.012$ 孔 CL 按标注 ①→②→③→④ 数序进行，给精镗留 0.2mm 加工余量	EMZ - 20L185 E12 可转位钻铣刀	游标卡尺型号 0 ~ 150/0 ~ 1000 精度 0.02mm；内径千分尺 50 ~ 150；塞规；检棒；0.04 塞尺 0 ~ 5；0.01 百分表，磁力表座	353.323	2944.366	185

工步号	工步内容	刀具	量具及检具	进给量 F （mm/min）	主轴转速 S （r/min）	切削速度 V_c （m/min）
11	精镗 4 - φ115 + 0.027 ^ + 0.012 孔，CL 按标注从小到大数序进行，保证 φ115.012 ~ φ115.027 通孔，755 ± 0.05，垂直度 φ0.04，位置度 0.05，Ra1.6um	φ50 端面带斜孔镗杆；镗刀头；片；TCM10，a_p：0.5 - 4.0，Max：7.0	游标卡尺型号 0 ~ 150/精度 0.02mm；内径千分尺 50 ~ 150；塞规；检棒；0.04 塞尺 0 ~ 5；0.01 百分表，磁力表座	61.45	512.064	185
12	各孔口倒角 C1	刀片 倒角刀		400	600	56.6
13	粗铣 4 - φ45 + 0.063^ + 0.051 孔（数控编程前将 φ45 + 0.063 ^ + 0.051 极限偏差值，调整成对称公差值 φ45.057 ± 0.006. ），CL 以层铣为主，裕留 1.5mm 加工余量给半精铣与精镗加工	EMZ - 20L185 E12 可转位钻铣刀	游标卡尺型号 0 ~ 150/0 ~ 1000 精度 0.02mm	343.775	2864.789	180
14	半精铣 4 - φ45 + 0.063 ^ + 0.051 孔，CL 按标注 ①→②→③→④ 数序进行，给精镗留 0.2mm 加工余量	EMZ - 20L185 E12 可转位钻铣刀	游标卡尺型号 0 ~ 150 精度 0.02mm；内径千分 25 ~ 50	353.323	2944.366	185
15	精镗 4 - φ45 + 0.063^ + 0.051 孔，CL 按标注从小到大的顺序进行，保证 φ45.051 ~ φ45.063 深 20.05，880 ± 0.05，340 ± 0.05，垂直度 φ0.04，位置度 0.05，Ra1.6um	φ35 端面带斜孔镗杆；镗刀头；片；TCM10，a_p：0.5 - 4.0，Max：7.0	游标卡尺型号 0 ~ 150/精度 0.02mm；内径千分尺 50 ~ 150；塞规；检棒；0.04 塞尺 0 ~ 5；0.01 百分表，磁力表座	157.03	1308.607	185
16	各孔口倒角 C1	刀片 倒角刀		400	600	56.6

工步号	工步内容	刀具	量具及检具	进给量 F（mm/min）	主轴转速 S（r/min）	切削速度 V_c（m/min）
17	4 - φ23 + 0.039^ + 0.005 孔，钻中心孔（数控编程前将 φ23 + 0.039^ + 0.005 极限偏差值，调整成对称公差值 φ23.023 ± 0.017.）；以底面中心为基准找平面坐标点 ①→②→③→④	410X90° No. 557 定心钻	型号：0 ~ 150mm 深度尺，精度 0.02mm	180	1200	37.8
18	4 - φ23 + 0.039^ + 0.005 孔，钻 φ20 孔	φ20 加长钻头		55	1200	
19	4 - φ23 + 0.039^ + 0.005 孔，半精铣，CL 按 ①→②→③→④，标注从小到大的顺序进行，给精镗留 0.2mm 加工余量	EMZ - 20L185 E12 可转位钻铣刀	游标卡尺型号 0 ~ 150 精度 0.02mm	343.775	2864.789	180
20	4 - φ23 + 0.039^ + 0.005 孔精铣，CL 按 ①→②→③→④，标注从小到大的顺序进行，精铣尺寸 φ23 + 0.039^ + 0.005	EMZ - 20L185 E12 可转位钻铣刀	游标卡尺型号 0 ~ 150 精度 0.02mm	353.323	2944.366	185
21	各孔口倒角 C1	刀片 倒角刀		400	600	56.6
22	8 - M24 底孔 φ21.5 + 0.039^ + 0.01 孔，钻中心孔（数控编程前将 φ21.5 + 0.039^ + 0.01 极限偏差值，调整成对称公差值 φ21.525 ± 0.014.），以底面中心为基准找平面坐标点	410X90° No. 557 定心钻	型号：0 ~ 150mm 深度尺，精度 0.02mm	180	1200	37.8

工步号	工步内容	刀具	量具及检具	进给量 F（mm/min）	主轴转速 S（r/min）	切削速度 V_c（m/min）
23	8 - M24 底孔 φ21.5 + 0.039^ + 0.01 孔，钻 φ20 孔，深 55	φ20 钻头				
24	8 - M24 底孔 φ21.5 + 0.039^ + 0.01 孔精铣，CL 按①→②→③→④→⑤→⑥→⑦→⑧标注从小到大的顺序进行，保证 φ21.51 ~ φ21.539 ± 0.05 深 50，730 ± 0.05，480 ± 0.05，垂直度 φ0.04，位置度 0.05. Ra3.2um	EMZ - 20L185 E12 可转位钻铣刀	游标卡尺型号 0 ~ 150 精度 0.02mm	343.775	2864.789	180
25	各孔口倒角 C1	刀片 倒角刀		400	600	56.6
26	4 - M16 底孔 φ13.5 + 0.039^ + 0.01 孔（数控编程前将 4 - φ13.5 + 0.039^ + 0.01 极限偏差值，调整成对称公差值 φ13.525 ± 0.014），钻中心孔以底面中心为基准找平面坐标点	410X90° No.557 定心钻	型号：0 ~ 150mm 深度尺，精度 0.02mm	180	1200	37.8
27	4 - M16 底孔 φ13.5 + 0.039^ + 0.01 孔，钻 φ12.5 孔，钻深 40mm	φ12.5 钻头		45	1200	

工步号	工步内容	刀具	量具及检具	进给量 F（mm/min）	主轴转速 S（r/min）	切削速度 V_c（m/min）
28	4 - M16 底孔 φ13.5 + 0.039^ + 0.01 孔，CL 按 ①→②→③→④ 标注从小到大的顺序进行，保证 φ13.51 ~ φ13.539 深38，505 ± 0.05，755 ± 0.05，垂直度 φ0.04，位置度 0.05，Ra3.2um	镗刀头；刀片	型号：0 ~ 25mm 内径千分尺	69.32	577.67	24.5
29	各孔口倒角 C1	刀片 倒角刀		400	600	56.6
30	2 - φ12F8 孔钻中心孔；以顶面中心为基准找平面坐标点（377.5 ± 0.02，475.5 ± 0.02）"1"；用 410X90° No.557 定心钻定心。以 "1" 为基准，控制点（755 ± 0.05，951 ± 0.05）"2"	410X90° No.557 定心钻；	型号：0 ~ 150mm 深度尺，精度 0.02mm	180	1200	37.8
31	2 - φ12F8 孔钻 2 - φ11.5 孔，深 28	φ11.5 钻头	型号：0 ~ 150mm 游标卡尺，精度 0.02mm	200	1000	23.5
32	2 - φ12F8 孔镗孔至 2 - φ11.8，深 25.5	镗刀头；刀片	型号：0 ~ 25mm 内径千分尺	100	100	24.5
33	铰孔 2 - φ12F8 孔，深 25。Ra1.6um	GB1132 - 12412AF8 铰刀	塞规、检棒	200	400	10
	工位三（以底平面 2 - φ12F8 销孔与顶平面定位）保证下列各尺寸					

续表

工步号	工步内容	刀具	量具及检具	进给量 F（mm/min）	主轴转速 S（r/min）	切削速度 V$_c$（m/min）
34	精铣顶平面，保证厚度尺寸 340 ± 0.05，Ra1.6um；保证平面度 0.05，平行度 0.05，垂直度 0.05	125B12R－F453　E12F－03 铣刀	深度尺型号 0～500 测量范围：0～500 精度 0.02mm；0.05 塞尺 0～5；0.01 百分表	385	325	127.6
35	锐边倒角 C1	刀片 倒角刀		400	600	56.6
36	4－φ175＋0.071^＋0.036 孔粗铣（数控编程前将 φ175＋0.071^＋0.036 极限偏差值，调整成对称公差值 φ175.044±0.017.），CL 以层铣为主，裕留 1.5mm 余量半精铣与精镗加工	EMZ－20L185 E12 可转位钻铣刀	游标卡尺型号 0～150/0～1000 精度 0.02mm；内径千分尺 50～150；塞规；0.04 塞尺 0～5；0.01 百分表，磁力表座	343.775	2864.789	180
37	4－φ175＋0.071^＋0.036 孔半精铣，CL 按①→②→③→④标注从小到大的顺序进行，给精镗留 0.2mm 余量	EMZ－20L185 E12 可转位钻铣刀	游标卡尺型号 0～150/0～1000 精度 0.02mm；内径千分尺 50～150；塞规；检棒；0.04 塞尺 0～5；0.01 百分表，磁力表座	353.323	2944.366	185
38	4－φ175＋0.071^＋0.036 孔精镗，CL 按①→②→③→④标注从小到大的顺序进行，保证 φ175.036～φ175.071，深60.05，755±0.05，垂直度 φ0.04，位置度 0.05，Ra＝1.6	φ50 端面带斜孔镗杆；镗刀头；片；TCM10，a$_p$：0.5－4.0，Max：7.0	游标卡尺型号 0～150/精度 0.02mm；内径千分尺 50～150；塞规；检棒；0.04 塞尺 0～5；0.01 百分表，磁力表座	40.38	336.5	185
39	各孔口倒角 C1	刀片 倒角刀		400	600	56.6

147

续表

工步号	工步内容	刀具	量具及检具	进给量 F（mm/min）	主轴转速 S（r/min）	切削速度 V_c（m/min）
40	φ130 + 0.035^ + 0.0孔粗铣（数控编程前将 φ130 + 0.035^ + 0.0 极限偏差值，调整成对称公差值 φ130.017 ± 0.017），CL 以层铣为主，裕留 1.5 余量半精铣与精镗加工	EMZ - 20L185 E12 可转位钻铣刀	游标卡尺型号 0 ~ 150/0 ~ 1000 精度 0.02mm；内径千分尺 50 ~ 150；塞规；0.04 塞尺 0 ~ 5；0.01 百分表，磁力表座	343.775	2864.789	180
41	φ130 + 0.035^ + 0.0 孔半精铣，半精铣后留 0.2mm 余量	EMZ - 20L185 E12 可转位钻铣刀	游标卡尺型号 0 ~ 150/0 ~ 1000 精度 0.02mm；内径千分尺 50 ~ 150；塞规；检棒；0.04 塞尺 0 ~ 5；0.01 百分表，磁力表座	353.323	2944.366	185
42	φ130 + 0.035^ + 0.0 孔精镗，保证 φ130.036 ~ φ130.035，通孔，垂直度 φ0.04，位置度 0.05，Ra = 1.6	φ50 端面带斜孔镗杆；镗刀头；片；TCM10，a_p：0.5 - 4.0，Max：7.0	游标卡尺型号 0 ~ 150/ 精度 0.02mm；内径千分尺 50 ~ 150；塞规；检棒；0.04 塞尺 0 ~ 5；0.01 百分表，磁力表座	54.36	452.98	185
43	各孔口倒角 C1	刀片 倒角刀		400	600	56.6
44	2 - φ65 + 0.035^ + 0.0 孔粗铣（数控编程前将 φ65 + 0.035^ + 0.0 极限偏差值，调整成对称公差值 φ65.017 ± 0.017.），CL 以层铣为主，裕留 1.5mm 余量半精铣与精镗加工	EMZ - 20L185 E12 可转位钻铣刀	游标卡尺型号 0 ~ 150/0 ~ 1000 精度 0.02mm；内径千分尺 50 ~ 150；塞规；0.04 塞尺 0 ~ 5；0.01 百分表，磁力表座	343.775	2864.789	180
45	2 - φ65 + 0.035^ +0.0孔半精铣，两孔 CL 按①→②标注从小到大的顺序进行，给精镗留 0.2mm 余量	EMZ - 20L185 E12 可转位钻铣刀	游标卡尺型号 0 ~ 150/0 ~ 1000 精度 0.02mm；内径千分尺 50 ~ 150；塞规；检棒；0.04 塞尺 0 ~ 5；0.01 百分表，磁力表座	353.323	2944.366	185

工步号	工步内容	刀具	量具及检具	进给量 F（mm/min）	主轴转速 S（r/min）	切削速度 V_c（m/min）
46	2 - φ65 + 0.035^ + 0.0 孔精镗。两孔 CL 按标注从小到大的顺序进行，保证 φ65.0 ~ φ65.035 通孔，555 ± 0.05，垂直度 φ0.04，位置度 0.05，Ra1.6um	φ50 端面带斜孔镗杆；镗刀头；片；TCM10，a_p：0.5 - 4.0，Max：7.0	游标卡尺型号 0 ~ 150/精度 0.02mm；内径千分尺 50 ~ 150；塞规；检棒；0.04 塞尺 0 ~ 5；0.01 百分表，磁力表座	108.72	905.96	185
47	各孔口倒角 C1	刀片 倒角刀		400	600	56.6
48	4 - φ45 + 0.050^ + 0.025 孔，粗铣（数控编程前将 4 - φ45 + 0.050^ + 0.025 极限偏差值，调整成对称公差值 φ45.037 ± 0.012.）CL 以层铣为主，裕留 1.5 余量半精铣与精镗加工	EMZ - 20L185 E12 可转位钻铣刀	游标卡尺型号 0 ~ 150/0 ~ 1000 精度 0.02mm	343.775	2864.789	180
49	4 - φ45 + 0.050^ + 0.025 孔半精铣，四孔 CL 按 ①→②→③→④ 标注从小到大的顺序进行，给精镗留 0.2mm 余量	EMZ - 20L185 E12 可转位钻铣刀	游标卡尺型号 0 ~ 150 精度 0.02mm；内径千分 25 ~ 50	353.323	2944.366	185
50	4 - φ45 + 0.050^ + 0.025 孔精镗，四孔 CL 按标注从小到大的顺序进行，保证 φ45.025 ~ φ45.050，深 22.05，477 ± 0.05，477 ± 0.05，垂直度 φ0.04，位置度 0.05，Ra1.6um	φ35 端面带斜孔镗杆；镗刀头；片；TCM10，a_p：0.5 - 4.0，Max：7.0	游标卡尺型号 0 ~ 150/精度 0.02mm；内径千分尺 50 ~ 150；塞规；检棒；0.04 塞尺 0 ~ 5；0.01 百分表，磁力表座	157.03	1308.607	185
51	各孔口倒角 C1	刀片 倒角刀		400	600	56.6

工步号	工步内容	刀具	量具及检具	进给量 F （mm/min）	主轴转速 S （r/min）	切削速度 V_c （m/min）
52	$4-\phi36+0.051^{\wedge}+0.027$ 台阶孔半精铣（数控编程前将 $\phi36+0.051^{\wedge}+0.027$ 极限偏差值，调整成对称公差值 $\phi36.039\pm0.012$.），以顶面 $4-\phi23$ 孔中心为基准找平面坐标点 ①→②→③→④，粗铣 $4-\phi36$ 给精镗留 0.2mm 余量	EMZ - 20L185 E12 可转位钻铣刀	游标卡尺型号 0～150/0～1000 精度 0.02mm	343.775	2864.789	180
53	$4-\phi36+0.051^{\wedge}+0.027$ 台阶孔精镗，四孔 CL 按①→②→③→④标注从小到大的顺序进行，保证 $\phi36.051$～$\phi36.027$ 深 145.05～145.01mm，880 ±0.05，180 ±0.05，垂直度 $\phi0.04$，位置度 0.05. Ra 3.2um	$\phi35$ 端面带斜孔镗杆；镗刀头；片；TCM10，a_p：0.5 - 4.0，Max：7.0	游标卡尺型号 0～150/精度 0.02mm；内径千分尺 50～150；塞规；检棒；0.04 塞尺 0～5；0.01 百分表，磁力表座	201.899	1682.495	185
54	各孔口倒角 C1	刀片 倒角刀		400	600	56.6
55	$4-M20$ 底孔 $\phi17.5+0.015^{\wedge}+0.00$ 孔钻中心孔（数控编程前将 $4-\phi17.5+0.015^{\wedge}+0.00$ 极限偏差值，调整成对称公差值 $\phi17.575\pm0.075$.）以底面中心为基准找平面坐标点，用 410X90° No.557 定心钻定心	410X90° No.557 定心钻	型号：0～150mm 深度尺，精度 0.02mm	180	1200	37.8

工步号	工步内容	刀具	量具及检具	进给量 F（mm/min）	主轴转速 S（r/min）	切削速度 V_c（m/min）
56	4 – M20 底孔 φ17.5 +0.015^ + 0.00 孔钻 φ16 孔，钻四孔 CL 按①→②→③→④标注从小到大的顺序进行，深 55mm	φ16 钻头	型号：0 ～ 150mm 深度尺，精度 0.02mm	45	1050	
57	铣 4 孔 CL 按①→②→③→④标注从小到大的顺序进行，保证 φ17.5 ～ φ17.65，深 50mm，185 ± 0.05，130 ± 0.05，480 ± 0.05，垂直度 φ0.04，位置度 0.05. Ra3.2um	EMZ – 12L85 E12 可转位钻铣刀	型号：0 ～ 150mm 深度尺，精度 0.02mm	135.28	2254.7	85
58	各孔口倒角 C1	刀片 倒角刀		400	600	56.6
59	4 – M16 底孔 φ13.6 +0.050^ + 0.025 孔钻中心孔（数控编程前将 4 – φ13.6 + 0.050^ + 0.025 极限偏差值，调整成对称公差值 φ13.637 ±0.012.），以底面中心为基准找平面坐标点	410X90° No. 557 定心钻；	型号：0 ～ 150mm 深度尺，精度 0.02mm	180	1200	37.8
60	4 – M16 底孔 φ13.6 +0.050^ + 0.025 孔，钻 φ12.5 孔，钻四孔 CL 按①→②→③→④标注从小到大的顺序进行	φ12.5 钻头	型号：0 ～ 150mm 深度尺，精度 0.02mm	45	1350	

工步号	工步内容	刀具	量具及检具	进给量 F（mm/min）	主轴转速 S（r/min）	切削速度 V_c（m/min）
61	4 - M16 底孔 φ13.6 + 0.050^ + 0.025 孔精镗，四孔 CL 按①→②→③→④标注从小到大的顺序进行，保证 φ13.625 ~ φ13.650，深 38mm，477 ± 0.05，477 ±0.05，垂直度 φ0.04，位置度 0.05，Ra3.2um	EMZ - 12L85 E12 可转位钻铣刀	型号：0 ~ 150mm 深度尺，精度 0.02mm	135.28	2254.7	85
62	各孔口倒角 C1	刀片 倒角刀		400	600	56.6
63	16 - M16 底孔 φ13.6 + 0.050^ + 0.025 孔，钻中心孔（数控编程前将 8 - φ13.6 + 0.050^ + 0.025 极限偏差值，调整成对称公差值 φ13.637 ±0.012.），以底面中心为基准找平面坐标点	410X90° No. 557 定心钻	型号：0 ~ 150mm 深度尺，精度 0.02mm	180	1200	37.8
64	16 - M16 底孔 φ13.6 + 0.050^ + 0.025 孔，钻 8 - φ12.5 孔，CL 按①→②→③→④→⑤→⑥→⑦→⑧标注从小到大的顺序进行，给精镗留 0.2 余量	φ12.5 钻头	型号：0 ~ 150mm 深度尺，精度 0.02mm	45	1350	

工步号	工步内容	刀具	量具及检具	进给量 F（mm/min）	主轴转速 S（r/min）	切削速度 V$_c$（m/min）
65	16 – M16 底孔 φ13.6 + 0.050^ + 0.025 孔精镗，精镗 CL 按标注从小到大的顺序进行，保证 φ13.625 ~ φ13.650，深 30mm，2 – 603.68 ± 0.05，垂直度 φ0.04，位置度 0.05，Ra 3.2um	EMZ – 12L85 E12 可转位钻铣刀	型号：0 ~ 150mm 深度尺，精度 0.02mm	135.28	2254.7	85
66	各孔口倒角 C1	刀片 倒角刀		400	600	56.6
67	清理					

在卧式加工中心上加工（工序4）的工序简图如图9 – 12所示，工序卡如表9 – 6所示。

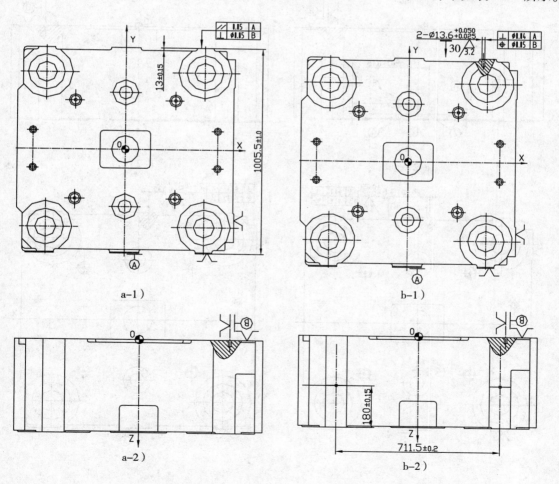

a-1)

b-1)

a-2)

b-2)

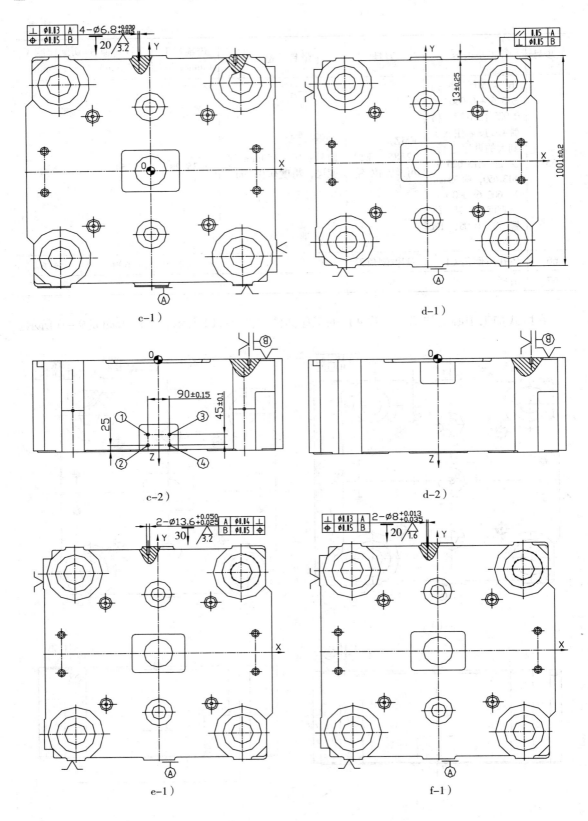

c-1)

d-1)

c-2)

d-2)

e-1)

f-1)

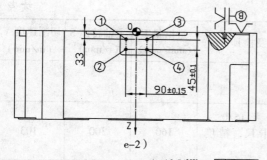

e-2）

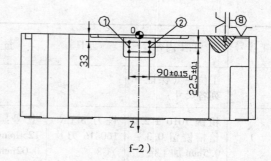

f-2）

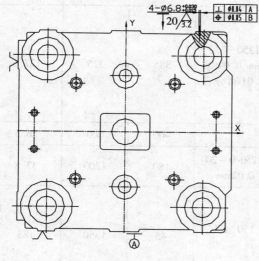

g-1）

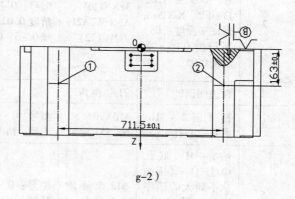

g-2）

图 9 – 12　工序 4 的工序简图

注：a-1）工序 4 工位 1 工序简图 01（俯视图）　　a-2）工序 4 工位 1 工序简图 02（主视图）
b-1）工序 4 工位 1 工序简图 03（主视图）　　b-2）工序 4 工位 1 工序简图 04（俯视图）
c-1）工序 4 工位 1 工序简图 05（主视图）　　c-2）工序 4 工位 1 工序简图 06（俯视图）
d-1）工序 4 工位 2 工序简图 07（主视图）　　d-2）工序 4 工位 2 工序简图 08（俯视图）
e-1）工序 4 工位 2 工序简图 09（主视图）　　e-2）工序 4 工位 2 工序简图 10（俯视图）
f-1）工序 4 工位 2 工序简图 11（主视图）　　f-2）工序 4 工位 2 工序简图 12（俯视图）
g-1）工序 4 工位 2 工序简图 13（主视图）　　g-2）工序 4 工位 2 工序简图 14（俯视图）

表 9 – 6　　　　　　　　卧式加工中心上加工（工序 4）的工序卡

（工厂）	工序卡片	产品名称或代号	零件名称	材料	零件号
			注塑机模板	HT200	
工序号	工序名称	夹具	使用设备		车间
4	（1）铣削 A 面； （2）钻 A 面孔粗精 A 面镗各轴孔； （3）A 面锐边倒倒钝 （1）铣削 B 面； （2）钻 B 面孔粗精 B 面镗各轴孔； （3）B 面锐边倒倒钝	专用夹具	卧式加工中心		

续表

工步号	工步内容	刀具	量具及检具	进给量 F （mm/min）	主轴转速 S （r/min）	切削速度 V_c （m/min）
	工位一（保证下列各尺寸）					
1	粗铣 1010 ± 2.0 给精铣留 0.3 - 0.5mm 加工余量	铣刀 SPCN 160416 刀片 YG8	型号：0 ~ 15/0 ~ 1250mm 卡尺，精度 0.02mm	160	300	103
2	精铣保证宽度尺寸 1005 ± 1.0，13 ±0.15，Ra3.2um；保证平面度 0.05，平行度 0.05，垂直度 0.05	3EKN1203 AFN WTA21；刀片（12）	型号：0 ~ 1250 卡尺，精度 0.02mm 0.04 塞规 0 ~ 5；0.01 百分表	385	325	127.6
3	锐边倒倒钝	刀片 倒角刀		400	600	56.5
4	钻 A 面 2 - M16 底孔定心孔	410X90° No.557 定钻	型号：0 ~ 1250/0 ~ 200 卡尺，精度 0.02mm	180	1200	37.8
5	钻 2 - M16 底孔 CL 按①→②标注从小到大的顺序进行，深 30mm，给精镗留 0.2 余量	φ12.5 硬质合金钻头	型号：0 ~ 150 卡尺，精度 0.02mm	45	1350	185
6	精铣两孔 CL 按标注从小到大的顺序进行，保证 φ13.625 ~ φ13.650，深 30mm，711.5 ± 0.2，180.5 ± 0.15，垂直度 φ0.04，位置度 0.05，Ra3.2um，锐边倒钝	EMZ - 12L125 E12 可转位钻铣刀	型号：0 ~ 150/0 ~ 1250 卡尺，精度 0.02mm，0.05 塞尺 0 ~ 5；0.01 百分表	135.28	2254.7	85
7	各孔口倒角 C1	刀片 倒角刀		400	600	56.6
8	钻 A 面 4 - M8 底孔定心孔	410X90° No.557 定钻	型号：0 ~ 1250/0 ~ 200 卡尺，精度 0.02mm	180	1200	37.8
9	钻 4 - M8 底孔 CL 按①→②→③→④标注从小到大的顺序进行，深 20mm，给精镗留 0.2 余量	φ6 硬质合金钻头	型号：0 ~ 150 卡尺，精度 0.02mm	35	1450	185

工步号	工步内容	刀具	量具及检具	进给量 F（mm/min）	主轴转速 S（r/min）	切削速度 V_c（m/min）
10	精铣两孔 CL 按标注从小到大的顺序进行，保证 φ6.6815～φ6.6830，深 30mm，711.5±0.2，180.5±0.15，垂直度 φ0.04，位置度 0.05，Ra3.2um	EMZ－6L55 E12 可转位钻铣刀	游标卡尺型号 0～150 精度 0.02mm；深度尺 0～150；塞规；检棒；码 0.04 塞尺 0～5；0.01	135.28	2254.7	85
11	各孔口倒角 C1	刀片 倒角刀		400	600	56.6
12	工位二保证下列各尺寸					
13	粗铣 1005±1.0 给精铣留 0.3－0.5mm 加工余量	铣刀 SPCN160416 刀片 YG8	型号：0～15/0～1250mm 卡尺，精度 0.02mm	160	300	103
14	精铣保证宽度尺寸 1001±0.2，13±0.25，Ra3.2um；保证平面度 0.05，平行度 0.05，垂直度 0.05	3EKN1203 AFN WTA21；刀片（12）	型号：0～1250 卡尺，精度 0.02mm 0.04 塞规 0～5；0.01 百分表	385	325	127.6
15	锐边倒倒钝	刀片 倒角刀		400	600	56.5
16	钻 A 面 4－M16 底孔定心孔	410X90° No.557 定钻	型号：0～1250/0～200 卡尺，精度 0.02mm	180	1200	37.8
17	钻 4－M16 底孔 CL 按①→②→③→④标注从小到大的顺序进行，深 30mm，给精镗留 0.2 余量	φ12.5 硬质合金钻头	型号：0～150 卡尺，精度 0.02mm	45	1350	185
18	精铣四孔 CL 按标注从小到大的顺序进行，保证 φ13.625～φ13.650，深 30mm，711.5±0.2，180.5±0.15，垂直度 φ0.04，位置度 0.05，Ra3.2um，锐边倒钝	EMZ－12L125 E12 可转位钻铣刀	型号：0～150/0～1250 卡尺，精度 0.02mm，0.05 塞尺 0～5；0.01 百分表	135.28	2254.7	85

工步号	工步内容	刀具	量具及检具	进给量 F（mm/min）	主轴转速 S（r/min）	切削速度 V_c（m/min）
19	各孔口倒角 C1	刀片 倒角刀		400	600	56.6
20	2－φ8F8 孔钻中心孔	410X90° No.557 定心钻	型号：0～150mm 深度尺，精度 0.02mm	180	1200	37.8
21	2－φ8F8 孔钻 2－φ7.5 孔，深 28	φ11.5 钻头	型号：0～150mm 游标卡尺，精度 0.02mm	200	1000	23.5
22	2－φ8F8 孔镗孔至 2－φ7.8，深 20.5	镗刀头；刀片	型号：0～25mm 内径千分尺	100	100	24.5
23	铰孔 2－φ8F8 孔，深 25。Ra 1.6um	GB1132－848AF8 铰刀	塞规、检棒	200	400	10
24	钻 A 面 2－M8 底孔定心孔	410X90° No.557 定钻	型号：0～1250/0～200 卡尺，精度 0.02mm	180	1200	37.8
25	钻 2－M8 底孔 CL 按①→②→③→④标注从小到大的顺序进行，深 20mm，给精镗留 0.2 余量	φ6 硬质合金钻头	型号：0～150 卡尺，精度 0.02mm	35	1450	185
26	精铣两孔 CL 按标注从小到大的顺序进行，保证 φ13.625～φ13.650，深 30mm，711.5±0.2，180.5±0.15，垂直度 φ0.04，位置度 0.05，Ra3.2um，锐边倒钝	EMZ－6L55 E12 可转位钻铣刀	游标卡尺型号 0～150 精度 0.02mm；深度尺 0～150；塞规；检棒；码 0.04 塞尺 0～5；0.01	135.28	2254.7	85
27	各孔口倒角 C1	刀片 倒角刀		400	600	56.6
28	清理					

在立式加工中心上加工（工序 3）的工序简图如图 9－13 所示，工序卡如表 9－7 所示。

数控加工工序卡		零件图号	零件名称	文件编号	第 页
0010		NC 0010	塑机模板		

工序号	工步内容	材料
03	钻/铰 2 - φ12F8 孔/	HT200
加工车间	设备名称	设备型号
CNC	加工中心	KAVM1200
主程序名	子程序名	加工原点
00100		G54

刀具半径补偿		刀具长度补偿	
D01 =		H01 =	
F（mm/min）	T1	180	T2	200
	T3	100	T4	200
S（r/min）	T1	1200	T2	1000
	T3	100	T4	400
Vc（m/min）	T1	37.7	T2	23.5
	T3	24.5	T4	10

注：工步用刀先后按以上刀具号（T）T1→ T2→ T3→···从小到大排序选用

工 装		切削液
夹具	刀具名称	乳化液
定心夹具与专用夹具	410X90° No.557 定心钻；φ11.5 钻头；	刀片号
		材质
夹具	刀具名称	
定心夹具与专用夹具	镗刀头；刀片；GB1132-12412AF8 铰刀	刀片号
		材质

工步号	工步内容		
1	依图所示，以顶面中心为基准找平面坐标点（377.5 ± 0.02，475.5 ± 0.02）"①"；用410X90° No.557 定心钻定心。以"①"为基准，控制点（755 ±0.05，951 ±0.05）"②"	检具及量具	游标卡尺，型号 0～150；型号 0～150, 0～1000 精度 0.02mm。塞规；千分尺；检棒
2	定心孔处钻 2 - φ11.5 孔，深 28		
3	2 - φ11.5 孔，镗孔至 2 - φ11.8，深 25.5	更改标记	更改单号
4	2 - φ11.8 孔铰刀钻 2 - φ12F8 孔，深 25。Ra1.6um，锐边倒钝		更改者/日期
5			
工艺员		校对	审定	批准

数控加工工序卡		零件图号	零件名称	文件编号	第　页
0020		NC　0020	塑机模板		

工序号	工序名称	材料
03	精铣底面	HT200
加工车间	设备名称	设备型号
CNC	加工中心	KAVM1200
主程序名	子程序名	加工原点
O0200		G54

刀具半径补偿		刀具长度补偿	
D01 =		H01 =	
F（mm/min）	T1	385	T2	400
	T3		T4	
S（r/min）	T1	325	T2	600
	T3		T4	
Vc（m/min）	T1	127.6	T2	56.5
	T3		T4	

注：工步用刀先后按以上刀具号（T）T1→
T2→ T3→…从小到大排序选用

工装		切削液
夹具	刀具名称	乳化液
定心夹具与专用夹具	125B12R　－
F453　E12 F
－03 铣刀	刀片号
		材质
夹具	刀具名称	
	刀片；倒角刀	刀片号
		材质

工步号	工步内容		
1	以顶平面2－φ12F8 销孔与顶平面定位		
2	精铣保证厚度尺寸341±0.1，Ra1.6um；保证平面0.05，平行度0.05	检具及量具	深度尺型号0～500 测量范围：0～500 精度0.02mm；0.05 塞尺0～5；0.01 百分表
3	锐边倒钝		
4			
5			
6		更改标记	更改单号
7			更改者/日期
8			
工艺员	校对	审定	批准

数控加工工序卡		零件图号	零件名称	文件编号	第　页
0030		NC　0030	塑机模板		

工序号	工序名称	材料
03	铣削底面 2 – 24 $^{+0.1}$ 宽槽	HT200
加工车间	设备名称	设备型号
CNC	加工中心	KAVM1200
主程序名	子程序名	加工原点
O0300		G54

刀具半径补偿		刀具长度补偿	
D01 =		H01 =	

F（mm/min）	T1	588.87	T2	439.268
	T3		T4	
S（r/min）	T1	2944.366	T2	3660.56
	T3		T4	
Vc（m/min）	T1	185	T2	230
	T3		T4	

注：工步用刀先后按以上刀具号（T）T1→ T2→ T3→…从小到大排序选用

工装		切削液
夹具	刀具名称	乳化液
夹具	刀具名称	
定心夹具与专用夹具	EMZ – 20L185 E12 可转位钻铣刀	刀片号 CMT060204EN – SM
		材质 CTC1125

工步号	工步内容		
1	以顶平面 2 – φ12F8 销孔与顶平面定位	检具及量具	游标卡尺型号 0～150/0～500 测量范围：0～150/0～500 精度 0.02mm；深度尺，测量范围：0～120 精度 0.02mm；0.04 塞尺 0～5；0.01 百分表，磁力表座
2	数控编程前将 24 $^{+0.1}$ 极限偏差值，调整成对称公差值 24.05 ± 0.05		
3	粗加工裕留 0.3mm 余量给精加工．保证尺寸 480 ± 0.1，2 – 447.5 ± 0.1		
4	精加工去除 0.3 余量，保证槽宽 24 $^{+0.1}$，深 10.5，Ra3.2um；保证垂直度 0.04，位置度 0.05		
5	锐边倒钝	更改标记	更改单号
6		更改者/日期	
7			
工艺员	校对	审定	批准

数控加工工序卡		零件图号	零件名称	文件编号	第　页
0040		NC 0040	塑机模板		

工序号	工序名称	材料
03	铣/镗 4 - φ115 + 0.027^ + 0.012 孔	HT200

加工车间	设备名称	设备型号
CNC	加工中心	KAVM1200

主程序名	子程序名	加工原点
O0400		G54

刀具半径补偿		刀具长度补偿	
D01 =		H01 =	

F（mm/min）	T1	343.775	T2	353.323
	T3	61.45	T4	

S（r/min）	T1	2864.789	T2	2944.366
	T3	512.064	T4	

Vc（m/min）	T1	180	T2	185
	T3	185	T4	

注：工步用刀先后按以上刀具号（T）T1→ T2→ T3→…从小到大排序选用

工装		切削液
夹具	刀具名称	乳化液
定心夹具与专用夹具	EMZ - 20L185 E12 可转位钻铣刀	刀片号
		参见铣槽刀
		材质
夹具	刀具名称	
定心夹具与随机夹具	φ50 端面带斜孔镗杆；镗刀头；片；CTC 1115，a_p：0.5 - 4.0，Max：7.0	刀片号
		材质
		TCM10

工步号	工步内容		
1	以顶平面 2 - φ12F8 销孔与顶平面定位	检具及量具	游标卡尺型号 0 ~ 150/0 ~ 1000 精度 0.02mm；内径千分尺 50 ~ 150；塞规；检棒；0.04 塞规 0 ~ 5；0.01 百分表，磁力表座
2	数控编程前将 φ115 + 0.027^ + 0.012 极限偏差值，调整成对称公差值 φ115.020 ± 0.007		
3	粗铣 CL 以层铣为主，裕留 1.5mm 余量给半精铣与精镗加工		
4	半精铣四孔 CL 按标注①→②→③→④数序进行，给精镗留 0.2mm 加工余量		
5	精镗四孔 CL 按标注从小到大的顺序进行，保证 φ115.012 ~ φ115.027 通孔，755 ± 0.05，垂直度 φ0.04，位置度 0.05. Ra1.6um，锐边倒钝	更改标记	更改单号
			更改者/日期
工艺员	校对	审定	批准

数控加工工序卡		零件图号	零件名称	文件编号	第 页
0050		NC 0050	塑机模板		

工序号	工序名称		材料
03	铣/镗 4 - φ45 +0. 063^ + 0. 051 孔		HT200
加工车间	设备名称		设备型号
CNC	加工中心		KAVM1200
主程序名	子程序名		加工原点
O0500			G54

刀具半径补偿			刀具长度补偿	
D01 =			H01 =	
F (mm/min)	T1	343. 775	T2	353. 323
	T3	157. 03	T4	
S (r/min)	T1	2864. 789	T2	2944. 366
	T3	1308. 607	T4	
Vc (m/min)	T1	180	T2	185
	T3	185	T4	

注：工步用刀先后按以上刀具号（T）T1→T2→ T3→…从小到大排序选用

工装		切削液
夹具	刀具名称	乳化液
定心夹具与专用夹具	EMZ – 20L185 E12 可转位钻铣刀	刀片号
		参见铣槽刀
		材质
夹具	刀具名称	
定心夹具与专用夹具	φ30 端面带斜孔镗杆；镗刀头片；CTC145，a_p：0. 5 – 3. 0，Max：5. 0	刀片号
		TCM10
		材质
检具及量具	游标卡尺型号 0～150/0～1000 精度 0. 02mm；深度尺 0～150；内径千分尺 25～50；塞规；检棒；码 0. 04 塞尺 0～5；0. 01	

工步号	工步内容
1	以顶平面 2 – φ12F8 销孔与顶平面定位
2	数控编程前将 φ45 + 0. 063^ + 0. 051 极限偏差值，调整成对称公差值 φ45. 057 ± 0. 006
3	粗铣 CL 以层铣为主，裕留 1. 5mm 加工余量给半精铣与精镗加工
4	半精铣四孔 CL 按标注①→②→③→④数序进行，给精镗留 0. 2mm 加工余量
5	精镗四孔 CL 按标注从小到大的顺序进行，保证 φ45. 051～φ45. 063 深 20. 05，880 ± 0. 05，340 ± 0. 05，垂直度 φ0. 04，位置度 0. 05，Ra1. 6um，锐边倒钝

	更改标记	更改单号	更改者/日期

工艺员		校对		审定		批准	

数控加工工序卡		零件图号	零件名称	文件编号	第　页
0060		NC　0060	塑机模板		

工序号	工序名称	材料
03	钻/铣/镗 φ23 + 0.039^ + 0.005 孔	HT200
加工车间	设备名称	设备型号
CNC	加工中心	KAVM1200
主程序名	子程序名	加工原点
O0600		G54

刀具半径补偿		刀具长度补偿	
D01 =		H01 =	
F（mm/min）	T1	180	T2	55
	T3	343.77	T4	353.323
S（r/min）	T1	1200	T2	1200
	T3	2864.789	T4	2944.366
Vc（m/min）	T1	37.8	T2	
	T3	180	T4	185

注：工步用刀先后按以上刀具号（T）T1→ T2→ T3→…从小到大排序选用

工装		切削液
夹具	刀具名称	乳化液
定心夹具与专用夹具	410X90° No. 557 定心钻；φ20 加长钻头	刀片号
		材质
夹具	刀具名称	
定心夹具与专用夹具	φ20 端面带斜孔镗杆；镗刀头；片；CTC145	刀片号 TCM10
		材质

工步号	工步内容	
1	以顶平面 2 – φ12F8 销孔与顶平面定位	
2	数控编程前将 φ23 + 0.039^ + 0.005 极限偏差值，调整成对称公差值 φ23.023 ±0.017	
3	以底面中心为基准找平面坐标点 ①→②→③→④，用 410X90°No. 557 定心钻定心	检具及量具
4	选 φ20 加长钻钻通	
5	半精铣四孔 CL 按①→②→③→④，标注从小到大的顺序进行，给精镗留 0.2mm 加工余量	游标卡尺型号 0 ~ 150/0 ~ 1000 精度 0.02mm；内径千分尺 0 ~ 25；塞规；检棒；0.04 塞尺 0 ~ 5；0.01 百分表，磁力表座
6	精镗四孔 CL 按标注从小到大的顺序进行，保证 φ23.005 ~ φ23.039 通孔，880 ± 0.05，180 ± 0.05，垂直度 φ0.04，位置度 0.05. Ra3.2um，锐边倒钝	
		更改标记　更改单号　更改者/日期

工艺员		校对		审定		批准	

数控加工工序卡		零件图号	零件名称	文件编号	第 页
0070		NC 0070	塑机模板		

工序号	工序名称	材料
03	钻/铣 8 – M24 底孔	HT200
加工车间	设备名称	设备型号
CNC	加工中心	KAVM1200
主程序名	子程序名	加工原点
O0700		G54

刀具半径补偿		刀具长度补偿	
D01 =		H01 =	

F（mm/min）	T1	180	T2	343.775
	T3		T4	
S（r/min）	T1	1200	T2	2864.789
	T3		T4	
Vc（m/min）	T1	37.8	T2	180
	T3	3.67	T4	

注：工步用刀先后按以上刀具号（T）T1→ T2→ T3→…从小到大排序选用

工装		切削液
夹具	刀具名称	乳化液
定心夹具与 专用夹具	410X90° No. 557 定 钻； EMZ – 20L185 E12 可转位钻 铣刀	刀片号
		材质
夹具	刀具名称	
定心夹具与 专用夹具	φ20 端面带 斜孔镗杆； 镗刀头；片 CTC145，a_p： 0.5 – 2.0， Max：5.0	刀片号
		TCM10
		材质
检具及量具	游标卡尺型号 0～150/0～ 1000 精度 0.02mm；塞规； 检棒	

工步号	工步内容
1	以顶平面 2 – φ12F8 销孔与顶平面定位
2	数控编程前将 φ21.5 + 0.039^ + 0.01 极限偏差 值，调整成对称公差值 φ21.525 ± 0.014
3	以底面中心为基准找平面坐标点，用 410X90° No. 557 定心钻钻心
4	选 φ20 钻孔，深 55
5	铣 8 孔 CL 按①→②→③→④→⑤→⑥→⑦→⑧ 标注从小到大的顺序进行，保证 φ21.51～φ21， 539 ± 0.05 深 50，730 ± 0.05，480 ± 0.05，垂直 度 φ0.04，位置度 0.05. Ra3.2um，锐边倒钝

	更改标记	更改单号	更改者/日期

工艺员		校对		审定		批准	

数控加工工序卡	零件图号	零件名称	文件编号	第　页
0080	NC 0080	塑机模板		

	工序号	工序名称	材料
	03	钻/铣 4 - M16 底孔	HT200
	加工车间	设备名称	设备型号
	CNC	加工中心	KAVM1200
	主程序名	子程序名	加工原点
	O0800		G54

刀具半径补偿		刀具长度补偿	
D01 =		H01 =	

F（mm/min）	T1	180	T2	45
	T3	69.32	T4	
S（r/min）	T1	1200	T2	1350
	T3	577.67	T4	
Vc（m/min）	T1	37.8	T2	
	T3	24.5	T4	

注：工步用刀先后按以上刀具号（T）T1→T2→T3→…从小到大排序选用

工装		切削液
夹具	刀具名称	乳化液
定心夹具与专用夹具	410X90° No. 557 定钻；φ12.5 钻头	刀片号
		材质
夹具	刀具名称	
定心夹具与专用夹具	φ12 立铣刀	刀片号
		TCM10
		材质
检具及量具	游标卡尺型号 0～150/0～1000 精度 0.02mm；塞规；检棒。	
更改标记	更改单号	更改者/日期

工步号	工步内容
1	以顶平面 2 - φ12F8 销孔与顶平面定位
2	数控编程前将 φ13.5 + 0.039^ + 0.01 极限偏差值，调整成对称公差值 φ13.525 ± 0.014
3	以底面中心为基准找平面坐标点，用 410X90° No. 557 定心钻定心
4	选 φ12.5 钻孔，钻深 40mm
5	铣 4 孔 CL 按①→②→③→④标注从小到大的顺序进行，保证 φ13.51～φ13.539 深 38，505 ± 0.05，755 ±0.05，垂直度 φ0.04，位置度 0.05. Ra3.2um，锐边倒钝

工艺员		校对		审定		批准	

数控加工工序卡		零件图号	零件名称	文件编号	第 页
0090		NC 0090	塑机模板		

工序号	工序名称		材料
03	钻/铰 2－φ12 F8 工艺孔		HT200
加工车间	设备名称		设备型号
CNC	加工中心		KAVM1200
主程序名	子程序名		加工原点
00900			G54

刀具半径补偿		刀具长度补偿	
D01 =		H01 =	

F （mm/min）	T1	180	T2	200
	T3	100	T4	200
S （r/min）	T1	1200	T2	1000
	T3	100	T4	400
Vc （m/min）	T1	37.7	T2	23.5
	T3	24.5	T4	10

注：工步用刀先后按以上刀具号（T）T1→ T2→ T3→…从小到大排序选用

工装		切削液
夹具	刀具名称	乳化液
定 心 夹 具 与 专用夹具	410 × 90° No. 557 定心钻； φ11.5 钻头	刀片号
		材质
夹具	刀具名称	
定 心 夹 具 与 专用夹具	镗刀头；刀 片；GB1132－ 12412AF8 铰刀	刀片号
		TCM10
		材质

工步号	工步内容		
1	以顶平面 2－φ12F8 销孔与顶平面定位		
2	依图所示，以底面中心为基准找平面坐标点 （377.5±0.02，475.5±0.02）"1"；用 410X90° No. 557 定心钻定心。以"1"为基准，控制点 （755±0.05，951±0.05）"2"，用 410X90° No. 557 定心钻定心。Ra3.2um	检具及量具	塞规；千分尺；检棒
3	定心孔处钻 2－φ11.5 孔，深 40	更改标记	更改单号
4	2－φ11.5 孔，镗孔至 2－φ11.8，深 38.5		更改者/日期
5	2－φ11.8 孔铰刀钻 2－φ12F8 孔，深 38。 Ra1.6um，锐边倒钝		
工艺员		校对		审定		批准	

数控加工工序卡		零件图号	零件名称	文件编号	第　页
0100		NC　0100	塑机模板		

工序号	工序名称	材料
04	精铣顶面	HT200
加工车间	设备名称	设备型号
CNC	加工中心	KAVM1200
主程序名	子程序名	加工原点
O1000		G54

刀具半径补偿		刀具长度补偿	
D01 =		H01 =	
F（mm/min）	T1	385	T2
	T3		T4
S（r/min）	T1	325	T2
	T3		T4
Vc（m/min）	T1	127.6	T2
	T3		T4

注：工步用刀先后按以上刀具号（T）T1→
T2→ T3→…从小到大排序选用

工装		切削液
夹具	刀具名称	乳化液
定心夹具与专用夹具	125B12R－F453　E12F－03 铣刀	刀片号
		材质
夹具	刀具名称	
		刀片号
		材质

工步号	工步内容	检具及量具	深度尺，测量范围：0～500精度 0.02mm；0.05 塞尺0～5；0.01 百分表
1	以顶平面 2－φ12F8 销孔与顶平面定位		
2	精铣保证厚度尺寸 340±0.05，Ra1.6um；保证平面度 0.05，平行度 0.05，垂直度 0.05		
3	锐边倒钝		
4			
5			
6		更改标记	更改单号
7			更改者/日期
8			
工艺员	校对	审定	批准

数控加工工序卡		零件图号	零件名称	文件编号	第　页
0110		NC　0110	塑机模板		
			工序号	工序名称	材料
			04	铣/镗 4 - φ175 +0.071^ + 0.036 台阶孔	HT200
			加工车间	设备名称	设备型号
			CNC	加工中心	KAVM1200
			主程序名	子程序名	加工原点
			O1100		G54

刀具半径补偿		刀具长度补偿	
D01 =		H01 =	

		T1	343.775	T2	353.323
F（mm/min）		T3	40.38	T4	
S（r/min）		T1	2864.789	T2	2944.366
		T3	336.5	T4	
Vc（m/min）		T1	180	T2	185
		T3	185	T4	

注：工步用刀先后按以上刀具号（T）T1→T2→T3→…从小到大排序选用

工装		切削液
夹具	刀具名称	乳化液
定心夹具与专用夹具	EMZ - 20L185 E12 可转位钻铣刀	刀片号
		参见铣槽刀
		材质
夹具	刀具名称	
定心夹具与专用夹具	φ50 端面带斜孔镗杆；镗刀头；片；CTC 1115，a_p：0.5 - 4.0，Max：7.0	刀片号
		TCM10
		材质
检具及量具	游标卡尺型号 0～150/0～1000 精度 0.02mm；内径千分尺 50～150；塞规；检棒；0.04 塞尺 0～5；0.01 百分表，磁力表座	
更改标记	更改单号	更改者/日期

工步号	工步内容
1	以底平面 2 - φ12F8 销孔与顶平面定位
2	数控编程前将 φ175 + 0.071^ + 0.036 极限偏差值，调整成对称公差值 φ175.044 ±0.017
3	粗铣 CL 以层铣为主，裕留 1.5mm 余量半精铣与精镗加工
4	半精铣四孔 CL 按①→②→③→④标注从小到大的顺序进行，给精镗留 0.2mm 余量
5	精镗四孔 CL 按①→②→③→④标注从小到大的顺序进行，保证 φ175.036～φ175.071，深 60.05，755 ± 0.05，垂直度 φ0.04，位置度 0.05，Ra = 1.6，锐边倒钝

工艺员		校对		审定	
				批准	

数控加工工序卡		零件图号	零件名称	文件编号	第 页
0120		NC 0120	塑机模板		

工序号	工序名称	材料
04	铣镗 φ130 + 0.035^ + 0.0	HT200
加工车间	设备名称	设备型号
CNC	加工中心	KAVM1200
主程序名	子程序名	加工原点
O1200		G54

刀具半径补偿		刀具长度补偿	
D01 =		H01 =	

F（mm/min）	T1	343.775	T2	353.323
	T3	54.36	T4	
S（r/min）	T1	2864.789	T2	2944.366
	T3	452.98	T4	
Vc（m/min）	T1	180	T2	185
	T3	185	T4	

注：工步用刀先后按以上刀具号（T）T1→ T2→ T3→⋯从小到大排序选用

工装		切削液
夹具	刀具名称	乳化液
定心夹具与专用夹具	EMZ – 20L185 E12 可转位钻铣刀	刀片号
		参见铣槽刀
		材质
夹具	刀具名称	
定心夹具与专用夹具	φ50 端面带斜孔镗杆；镗刀头；片；CTC1115，a_p：0.5 – 4.0，Max：7.0	刀片号
		TCM10
		材质
检具及量具	游标卡尺型号 0～150 精度 0.02mm；内径千分尺 50～150；塞规；检棒；0.04 塞尺 0～5；0.01 百分表，磁力表座	
更改标记	更改单号	更改者/日期

工步号	工步内容
1	以底平面 2 - φ12F8 销孔与顶平面定位
2	数控编程前将 φ130 + 0.035^ + 0.0 极限偏差值，调整成对称公差值 φ130.017 ± 0.017
3	粗铣 CL 以层铣为主，裕留 1.5 余量半精铣与精镗加工
4	半精铣给精镗留 0.2mm 余量
5	精镗保证 φ130.036～φ130.035，通孔，垂直度 φ0.04，位置度 0.05，Ra = 1.6
6	锐边倒钝

工艺员		校对		审定		批准	

数控加工工序卡		零件图号	零件名称	文件编号	第 页
0130		NC 0130	塑机模板		
			工序号	工序名称	材料
			03	铣/镗孔 2 - φ65 +0.035^ +0.0	HT200
			加工车间	设备名称	设备型号
			CNC	加工中心	KAVM1200
			主程序名	子程序名	加工原点
			O1300		G54
			刀具半径补偿		刀具长度补偿
			D01 =		H01 =

F（mm/min）	T1	343.775	T2	353.323
	T3	108.72	T4	
S（r/min）	T1	2864.789	T2	2944.366
	T3	905.96	T4	
Vc（m/min）	T1	180	T2	185
	T3	185	T4	

注：工步用刀先后按以上刀具号（T）T1→T2→T3→…从小到大排序选用

工装		切削液
夹具	刀具名称	乳化液
		刀片号
定心夹具与专用夹具	EMZ - 20L185 E12 可转位钻铣刀	参见铣槽刀
		材质
夹具	刀具名称	
定心夹具与专用夹具	φ30 端面带斜孔镗杆；镗刀头片；CTC145，ap：0.5 - 3.0，Max：5.0	刀片号
		TCM10
		材质
检具及量具	游标卡尺型号 0～150/0～1000 精度 0.02mm；深度尺 0～150；内径千分尺 50～150；塞规；检棒；码 0.04 塞尺 0～5；0.01	
更改标记	更改单号	更改者/日期

工步号	工步内容
1	以底平面 2 - φ12F8 销孔与顶平面定位
2	数控编程前将 φ65 +0.035^ +0.0 极限偏差值，调整成对称公差值 φ65.017 ±0.017
3	粗铣 CL 以层铣为主，裕留 1.5mm 余量半精铣与精镗加工
4	半精铣两孔 CL 按①→②标注从小到大的顺序进行，给精镗留 0.2mm 余量
5	精镗两孔 CL 按标注从小到大的顺序进行，保证 φ65.0～φ65.035 通孔，555 ± 0.05，垂直度 φ0.04，位置度 0.05，Ra1.6um，锐边倒钝

工艺员		校对		审定		批准	

数控加工工序卡		零件图号	零件名称	文件编号	第　页
0140		NC　0140	塑机模板		

工序号	工序名称	材料
03	铣/镗 4 – φ45 +0.050^ +0.025 盲孔	HT200

加工车间	设备名称	设备型号
CNC	加工中心	KAVM1200

主程序名	子程序名	加工原点
O1400		G54

刀具半径补偿		刀具长度补偿	
D01 =		H01 =	

F（mm/min）	T1	343.775	T2	353.323
	T3	157.03	T4	
S（r/min）	T1	2864.789	T2	2944.366
	T3	1308.607	T4	
Vc（m/min）	T1	180	T2	185
	T3	185	T4	

注：工步用刀先后按以上刀具号（T）T1→T2→T3→…从小到大排序选用

工装		切削液
夹具	刀具名称	乳化液
定心夹具与专用夹具	EMZ –20L185E12 可转位钻铣刀	刀片号
		参见铣槽刀
		材质

工步号	工步内容
1	以底平面 2 – φ12F8 销孔与顶平面定位
2	数控编程前将 φ45 +0.050^ +0.025 极限偏差值，调整成对称公差值 φ45.037 ±0.012
3	粗铣 CL 以层铣为主，裕留 1.5 余量半精铣与精镗加工
4	半精铣四孔 CL 按①→②→③→④标注从小到大的顺序进行，给精镗留 0.2mm 余量
5	精镗四孔 CL 按标注从小到大的顺序进行，保证 φ45.025 ~ φ45.050，深 22.05，477 ± 0.05，477 ± 0.05，垂直度 φ0.04，位置度 0.05，Ra1.6um，锐边倒钝

夹具	刀具名称
定心夹具与专用夹具	φ30 端面带斜孔镗杆；镗刀头；片 CTC145，ap：0.5 – 3.0，Max：5.0
检具及量具	游标卡尺型号 0 ~ 150/0 ~ 1000 精度 0.02mm；深度尺 0 ~ 150；内径千分尺 25 ~ 50；塞规；检棒；码 0.04 塞尺 0 ~ 5；0.01

	刀片号
	TCM10
	材质

更改标记	更改单号	更改者/日期

工艺员	校对	审定	批准

数控加工工序卡		零件图号	零件名称	文件编号	第 页
0150		NC 0150	塑机模板		

工序号	工序名称	材料
03	铣/镗 4 - φ36 +0.051^ + 0.027 深台阶孔	HT200

加工车间	设备名称	设备型号
CNC	加工中心	KAVM1200

主程序名	子程序名	加工原点
O1500		G54

刀具半径补偿		刀具长度补偿	
D01 =		H01 =	

F（mm/min）	T1	343.775	T2	201.899
	T3	85	T4	
S（r/min）	T1	2864.789	T2	1682.495
	T3	655	T4	
Vc（m/min）	T1	180	T2	185
	T3	35.67	T4	

注：工步用刀先后按以上刀具号（T）$T_1 \rightarrow T_2 \rightarrow T_3 \rightarrow \cdots$从小到大排序选用

工装		切削液
夹具	刀具名称	乳化液
定心夹具与专用夹具	EMZ - 20L185 E12 可转位钻铣刀	刀片号
		材质
夹具	刀具名称	
定心夹具与专用夹具	φ35 端面带斜孔镗杆；镗刀头；片；CTC145，ap：0.5 - 5.0，Max：5.0	刀片号
		TCM10
		材质
检具及量具	游标卡尺型号 0~150/0~1000 精度 0.02mm；内径千分尺 25~50；塞规；检棒；0.04 塞尺 0~5；0.01 百分表，磁力表座	
更改标记	更改单号	更改者/日期

工步号	工步内容
1	以底平面 2 - φ12F8 销孔与顶平面定位
2	数控编程前将 φ36 +0.051^+ 0.027 极限偏差值，调整成对称公差值 φ36.039 ±0.012
3	以顶面 4 - φ23 孔中心为基准找平面坐标点 ①→②→③→④，粗铣 4 - φ36 给精镗留 0.2mm 余量
4	精镗四孔 CL 按①→②→③→④标注从小到大的顺序进行，保证 φ36.051~φ36.027 深 145.05~145.01mm，880 ± 0.05，180 ± 0.05，垂直度 φ0.04，位置度 0.05. Ra3.2um，锐边倒钝

工艺员		校对		审定		批准	

数控加工工序卡		零件图号	零件名称	文件编号	第　页
0160		NC 0160	塑机模板		

工序号	工序名称	材料
03	钻/铣 4 – M20 φ17.5 + 0.015^ + 0.00 底孔	HT200
加工车间	设备名称	设备型号
CNC	加工中心	KAVM1200
主程序名	子程序名	加工原点
O1600		G54

刀具半径补偿		刀具长度补偿	
D01 =		H01 =	
F（mm/min）	T1	180	T2	45
	T3	135.28	T4	
S（r/min）	T1	1200	T2	1050
	T3	2254.7	T4	
Vc（m/min）	T1	37.8	T2	220
	T3	85	T4	

注：工步用刀先后按以上刀具号（T）T1→ T2→ T3→…从小到大排序选用

工装		切削液
夹具	刀具名称	乳化液
定心夹具与专用夹具	410X90° No. 557 定钻； φ16 钻头	刀片号
		材质
夹具	刀具名称	
定心夹具与专用夹具	EMZ – 16L185 E12 可转位钻铣刀	刀片号 TCM10
		材质
检具及量具	游标卡尺型号 0 ~ 150/0 ~ 1000 精度 0.02mm；塞规；检棒	

工步号	工步内容		
1	以底平面 2 – φ12F8 销孔与顶平面定位		
2	数控编程前将 φ17.5 + 0.015^ + 0.00 极限偏差值，调整成对称公差值 φ17.575 ±0.075		
3	以底面中心为基准找平面坐标点，用 410X90° No. 557 定心钻定心		
4	选 φ16 钻孔，深 55mm		
5	铣 4 孔 CL 按①→②→③→④标注从小到大的顺序进行，保证 φ17.5 ~ φ17.65，深 50mm，185 ± 0.05，130 ± 0.05，480 ± 0.05，垂直度 φ0.04，位置度 0.05. Ra3.2um，锐边倒钝	更改标记	更改单号	更改者/日期
工艺员		校对	审定	批准

数控加工工序卡		零件图号	零件名称	文件编号	第 页
0170		NC 0170	塑机模板		

工序号	工序名称	材料
03	钻/铣 4 – M16 φ13.6 +0.050^ +0.025 底孔	HT200

加工车间	设备名称	设备型号
CNC	加工中心	KAVM1200

主程序名	子程序名	加工原点
O1700		G54

刀具半径补偿		刀具长度补偿	
D01 =		H01 =	

F（mm/min）	T1	180	T2	45
	T3	135.28	T4	
S（r/min）	T1	1200	T2	1350
	T3	2254.7	T4	
Vc（m/min）	T1	37.8	T2	220
	T3	85	T4	

注：工步用刀先后按以上刀具号（T）T1→ T2→ T3→…从小到大排序选用

工装		切削液
夹具	刀具名称	乳化液
定心夹具与 专用夹具	410X90° No. 557 定钻； φ12.5 钻头	刀片号
		参见铣槽刀
		材质
夹具	刀具名称	
定心夹具与 专用夹具	EMZ – 12L125 E12 可转位钻 铣刀	刀片号
		TCM10
		材质

工步号	工步内容	检具及量具	游标卡尺型号 0～150/0～ 1000 精度 0.02mm；深度尺 0～150；内径千分尺 25～ 50；塞规；检棒；码 0.04 塞尺 0～5；0.01
1	以底平面 2－φ12F8 销孔与顶平面定位		
2	数控编程前将 4－φ13.6 +0.050^ +0.025 极限偏差值，调整成对称公差值 φ13.637 ±0.012		
3	以底面中心为基准找平面坐标点，用 410X90° No. 557 定心钻定心		
4	钻/铣四孔 CL 按①→②→③→④标注从小到大的顺序进行，给精镗留 0.2mm 余量		
5	精镗四孔 CL 按①→②→③→④标注从小到大的顺序进行，保证 φ13.625～φ13.650，深 38mm，477±0.05，477±0.05，垂直度 φ0.04，位置度 0.05，Ra3.2um，锐边倒钝	更改标记	更改单号	更改者/日期

工艺员		校对		审定		批准	

175

数控加工工序卡		零件图号	零件名称	文件编号	第　页
0180		NC 0180	塑机模板		

工序号	工序名称	材料
03	钻/铣 16 – M16 ϕ13.6 +0.050^ +0.025 底孔	HT200
加工车间	设备名称	设备型号
CNC	加工中心	KAVM1200
主程序名	子程序名	加工原点
O1800		G54

刀具半径补偿		刀具长度补偿	
D01 =		H01 =	
F（mm/min）	T1	180	T2	45
	T3	135.28	T4	
S（r/min）	T1	1200	T2	1350
	T3	2254.7	T4	
Vc（m/min）	T1	37.8	T2	220
	T3	85	T4	

注：工步用刀先后按以上刀具号（T）T1→ T2→ T3→…从小到大排序选用

工装		切削液
夹具	刀具名称	乳化液
定心夹具与专用夹具	410X90° No. 557 定钻；ϕ12.5 钻头	刀片号
		参见铣槽刀
		材质
夹具	刀具名称	
定心夹具与专用夹具	EMZ – 12L125 E12 可转位钻铣刀	刀片号
		材质

工步号	工步内容
1	以底平面 2 – ϕ12F8 销孔与顶平面定位
2	数控编程前将 ϕ13.6 +0.050^ +0.025 极限偏差值，调整成对称公差值 ϕ13.637 ±0.012
3	以底面中心为基准找平面坐标点，用 410X90° No. 557 定心钻定心
4	钻铣八孔 CL 按①→②→③→④→⑤→⑥→⑦→⑧标注从小到大的顺序进行，给精镗留 0.2 余量
5	精镗四孔 CL 按标注从小到大的顺序进行，保证 ϕ13.625 ~ ϕ13.650，深 30mm，2 – 603.68 ± 0.05，垂直度 ϕ0.04，位置度 0.05，Ra3.2um，锐边倒钝

检具及量具	游标卡尺型号 0 ~ 150/0 ~ 1000 精度 0.02mm；深度尺 0 ~ 150；内径千分尺 25 ~ 50；塞规；检棒；码 0.04 塞尺 0 ~ 5；0.01
更改标记	更改单号 　　更改者/日期

工艺员		校对		审定		批准	

数控加工工序卡		零件图号	零件名称	文件编号	第 页
0190		NC 0190	塑机模板		

工序号	工序名称	材料
03	钻/铰	HT200
加工车间	设备名称	设备型号
CNC	加工中心	KAVM1200
主程序名	子程序名	加工原点
O1900		G54

刀具半径补偿		刀具长度补偿	
D01 =		H01 =	
F（mm/min）	T1	180	T2	35
	T3	155.18	T4	202.92
S（r/min）	T1	1200	T2	1500
	T3	2586.2	T4	3382.0
Vc（m/min）	T1	37.8	T2	220
	T3	65	T4	85

注：工步用刀先后按以上刀具号（T）T1→T2→ T3→…从小到大排序选用地

工装		切削液
夹具	刀具名称	乳化液
定心夹具与专用夹具	410X90° No. 557 定钻；φ8.5 钻头	刀片号
		参见铣槽刀
		材质
夹具	刀具名称	
定心夹具与专用夹具	EMZ－8L85 E12 可转位钻铣刀	刀片号
		材质

工步号	工步内容
1	以底平面 2－φ12F8 销孔与顶平面定位
2	数控编程前将 φ10.5 + 0.05^ + 0.039 极限偏差值，调整成对称公差值 φ10.545 ±0.005
3	以底面中心为基准找平面坐标点，用 410X90° No. 557 定心钻定心
4	钻铣四孔 CL 按①→②→③→④标注从小到大的顺序进行，给精镗留 0.2mm 余量
5	精铣四孔 CL 按标注从小到大的顺序进行，保证 φ13.625 ~ φ13.650，深 25mm，555 ± 0.05，垂直度 φ0.04，位置度 0.05，Ra3.2um，锐边倒钝

检具及量具	游标卡尺型号 0 ~ 150/0 ~ 1000 精度 0.02mm；深度尺 0 ~ 150；内径千分尺 25 ~ 50；塞规；检棒；码 0.04 塞尺 0 ~ 5；0.01
更改标记	更改单号	更改者/日期

工艺员		校对		审定		批准	

数控加工工序卡		零件图号	零件名称	文件编号	第　页
0200		NC　0200	塑机模板		

工序号	工序名称	材料
04	粗精铣 A 面	HT200
加工车间	设备名称	设备型号
CNC	卧式加工中心	KAWM1250
主程序名	子程序名	加工原点
O2000		G54

刀具半径补偿		刀具长度补偿	
D01 =		H01 =	
F （mm/min）	T1	160	T2	385
	T3	400	T4	
S （r/min）	T1	300	T2	325
	T3	600	T4	
Vc （m/min）	T1	103	T2	127.6
	T3	56.5	T4	

注：工步用刀先后按以上刀具号（T）T1→
T2→ T3→…从小到大排序选用

工装		切削液
夹具	刀具名称	乳化液
定心夹具与专用夹具	铣 刀 SPCN 160416 铣刀 3EKN1203 AFN WTA21；刀片（12）	刀片号
		YG8
		材质
夹具	刀具名称	
	刀片；倒角刀	刀片号
		材质

工步号	工步内容
1	以底平面 2 - φ12F8 销孔与顶平面定位
2	粗铣给精铣留 0.3 - 0.5mm 加工裕量
3	精铣保证宽度尺寸 1005 ± 1.0，13 ± 0.25，Ra3.2um；保证平面度 0.05，平行度 0.05，垂直度 0.05
4	锐边倒倒钝
5	
6	
7	

检具及量具	型号 0 ~ 1250 精度 0.02mm 直尺；游标卡尺，测量范围：0 ~ 150 精度 0.02mm；0.05 塞尺 0 ~ 5；0.01 百分表
更改标记	更改单号	更改者/日期

工艺员		校对		审定		批准	

数控加工工序卡		零件图号	零件名称	文件编号	第　页
0210		NC 0210	塑机模板		

		工序号	工序名称	材料
		04	A 面钻 2 - M16 底孔	HT200

加工车间	设备名称	设备型号
CNC	加工中心	KAVM1200
主程序名	子程序名	加工原点
O2100		G54

刀具半径补偿		刀具长度补偿	
D01 =		H01 =	

F（mm/min）	T1	180	T2	45
	T3	135.28	T4	
S（r/min）	T1	1200	T2	1350
	T3	2254.7	T4	
Vc（m/min）	T1	37.8	T2	220
	T3	85	T4	

注：工步用刀先后按以上刀号（T）T1→ T2→ T3→…从小到大排序选用

工装		切削液
夹具	刀具名称	乳化液
定心夹具与专用夹具	410X90° No. 557 定钻； φ12.5 钻头	刀片号
		参见铣槽刀
		材质
夹具	刀具名称	
定心夹具与专用夹具	EMZ - 12L125 E12 可转位钻铣刀	刀片号
		材质
检具及量具	游标卡尺型号 0～150/0～1000 精度 0.02mm；深度尺 0～150；塞规；检棒；码0.04 塞尺 0～5；0.01	
更改标记	更改单号	更改者/日期

工步号	工步内容
1	以底平面 2 - φ12F8 销孔与顶平面定位
2	数控编程前将 φ13.6 + 0.050^ + 0.025 极限偏差值，调整成对称公差值 φ13.637 + 0.012
3	以底面中心为基准找平面坐标点，（711.5 ± 0.2）/2，180 ± 0.15 用 410X90° No. 557 定心钻定心
4	钻铣两孔 CL 按①→②标注从小到大的顺序进行，给精镗留 0.2 余量
5	精铣两孔 CL 按标注从小到大的顺序进行，保证 φ13.625～φ13.650，深 30mm，2 - 603.68 ± 0.05，垂直度 φ0.04，位置度 0.05，Ra3.2um，锐边倒钝

工艺员		校对		审定		批准	

数控加工工序卡		零件图号	零件名称	文件编号	第　页
0220		NC 0220	塑机模板		

工序号	工序名称	材料
04	A 面钻 4 - M8 底孔	HT200
加工车间	设备名称	设备型号
CNC	加工中心	KAVM1200
主程序名	子程序名	加工原点
O2200		G54

刀具半径补偿		刀具长度补偿	
D01 =		H01 =	

F（mm/min）	T1	180	T2	35
	T3	135.28	T4	
S（r/min）	T1	1200	T2	1450
	T3	2254.7	T4	
Vc（m/min）	T1	37.8	T2	185
	T3	85	T4	

注：工步用刀先后按以上刀具号（T）T1→ T2→ T3→···从小到大排序选用

工装		切削液
夹具	刀具名称	乳化液
定心夹具与专用夹具	410X90° No. 557 定钻；φ6 钻头	刀片号
		参见铣槽刀
		材质
夹具	刀具名称	
定心夹具与专用夹具	EMZ－12L125 E12 可转位钻铣刀	刀片号
		材质
检具及量具	游标卡尺型号 0～150 精度 0.02mm；深度尺 0～150；；塞规；检棒；码 0.04 塞尺 0～5；0.01。	
更改标记	更改单号	更改者/日期

工步号	工步内容
1	以底平面 2 - φ12F8 销孔与顶平面定位
2	数控编程前将 φ6.8 + 0.030^ + 0.015 极限偏差值，调整成对称公差值 φ6.823 + 0.007
3	以底面中心为基准找平面坐标点，用 410X90° No. 557 定心钻定心
4	钻铣四孔 CL 按①→②→③→④标注从小到大的顺序进行，深 20mm，给精镗留 0.2 余量
5	精镗四孔 CL 按标注从小到大的顺序进行，保证 φ6.6815～φ6.6830，深 20mm，90 ± 0.05，45 ± 0.1 垂直度 φ0.04，位置度 0.05，Ra3.2um，锐边倒钝

工艺员		校对		审定		批准	

数控加工工序卡		零件图号	零件名称	文件编号	第　页
0230		NC　0230	塑机模板		

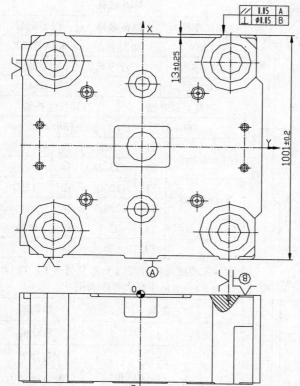

工序号	工序名称		材料	
04	粗精铣 B 面		HT200	
加工车间	设备名称		设备型号	
CNC	加工中心		KAWM1250	
主程序名	子程序名		加工原点	
O2300			G54	

刀具半径补偿		刀具长度补偿	
D01 =		H01 =	

	T1	160	T2	385
F（mm/min）	T3	400	T4	
	T1	300	T2	325
S（r/min）	T3	600	T4	
	T1	103	T2	127.6
Vc（m/min）	T3	56.5	T4	

注：工步用刀先后按以上刀具号（T）T1→
T2→ T3→…从小到大排序选用

工装		切削液
夹具	刀具名称	乳化液
定心夹具与专用夹具	铣刀 SPCN 160416 铣刀 3EKN1203 AFN WTA21；刀片（12）	刀片号
		YG8
		材质
夹具	刀具名称	
	刀片；倒角刀	刀片号
		材质

工步号	工步内容	检具及量具	型号 0~1250 精度 0.02mm 直尺；游标卡尺，测量范围：0~150 精度 0.02mm；0.05 塞尺 0~5；0.01 百分表
1	以底平面 2 - φ12F8 销孔与顶平面定位		
2	粗铣给精铣留 0.3 - 0.5mm 加工裕量		
3	精铣保证宽度尺寸 1001 ± 0.2，13 ± 0.25，Ra3.2um；保证平面度 0.05，平行度 0.05，垂直度 0.05		
4	锐边倒倒钝	更改标记	更改单号
5			更改者/日期
6			
7			

工艺员		校对		审定		批准	

数控加工工序卡		零件图号	零件名称	文件编号	第 页
0240		NC 0240	塑机模板		

工序号	工序名称		材料
04	B 面钻 4 – M16 底孔		HT200
加工车间	设备名称		设备型号
CNC	加工中心		KAVM1200
主程序名	子程序名		加工原点
O2400			G54

刀具半径补偿		刀具长度补偿	
D01 =		H01 =	

	T1	180	T2	45
F（mm/min）	T3	135.28	T4	
S（r/min）	T1	1200	T2	1350
	T3	2254.7	T4	
Vc（m/min）	T1	37.8	T2	220
	T3	85	T4	

注：工步用刀先后按以上刀具号（T）T1→ T2→ T3→…从小到大排序选用

工装		切削液
夹具	刀具名称	乳化液
定心夹具与专用夹具	410X90° No. 557 定钻；φ12.5 钻头	刀片号
		参见铣槽刀
		材质
夹具	刀具名称	
定心夹具与专用夹具	EMZ – 12L125 E12 可转位钻铣刀	刀片号
		材质

工步号	工步内容
1	以底平面 2 – φ12F8 销孔与顶平面定位
2	数控编程前将 φ13.6 + 0.050^ + 0.025 极限偏差值，调整成对称公差值 φ13.637 + 0.012
3	以底面中心为基准找平面坐标点，用 410X90° No. 557 定心钻定心
4	钻铣四孔 CL 按①→②→③→④标注从小到大的顺序进行，给精镗留 0.2 余量
5	精镗四孔 CL 按标注从小到大的顺序进行，保证 φ13.625 ~ φ13.650，深 30mm，2 – 603.68 ± 0.05，垂直度 φ0.04，位置度 0.05，Ra3.2um，锐边倒钝

检具及量具	游标卡尺型号 0 ~ 150/0 ~ 1000 精度 0.02mm；深度尺 0 ~ 150；内径千分尺 25 ~ 50；塞规；检棒；码 0.04 塞尺 0 ~ 5；0.01
更改标记	更改单号 更改者/日期

工艺员		校对		审定		批准	

数控加工工序卡		零件图号	零件名称	文件编号	第 页
0250		NC 0250	塑机模板		

工序号	工序名称	材料
04	B 面钻/铰 2 - φ8F8 孔/	HT200
加工车间	设备名称	设备型号
CNC	加工中心	KAVM1200
主程序名	子程序名	加工原点
O2500		G54

刀具半径补偿		刀具长度补偿	
D01 =		H01 =	

F（mm/min）	T1	180	T2	200
	T3	100	T4	200
S（r/min）	T1	1200	T2	1000
	T3	100	T4	400
Vc（m/min）	T1	37. 7	T2	23. 5
	T3	24. 5	T4	10

注：工步用刀先后按以上刀具号（T）T1→ T2→ T3→…从小到大排序选用

工装		切削液
夹具	刀具名称	乳化液
定心夹具与专用夹具	410X90° No. 557 定心钻； φ11.5 钻头；	刀片号
		材质
夹具	刀具名称	
定心夹具与专用夹具	镗刀头；刀片；GB1132 - 12412AF8 铰刀	刀片号
		材质

工步号	工步内容	检具及量具	游标卡尺，型号0 ~ 150；型号 0 ~ 150, 0 ~ 1000 精度 0.02mm。塞规；千分尺；检棒
1	依图所示，以顶面中心为基准找平面坐标点（ - 45. 25 ± 0. 075, 22. 5 ± 0. 15）"①"；用410X90°No. 557 定心钻定心。以"①"为基准，控制点（90 ± 0. 15, 22. 5 ± 0. 15）"②"		
2	定心孔处钻 2 - φ7.5 孔，深 28		
3	2 - φ7.5 孔，镗孔至 2 - φ7.8，深 20.5	更改标记	更改单号
4	2 - φ7.8 孔铰刀钻 2 - φ12F8 孔，深 20。Ra1. 6um		更改者/日期
5	锐边倒倒钝		

工艺员		校对		审定		批准	

数控加工工序卡		零件图号	零件名称	文件编号	第 页
0260		NC 0260	塑机模板		

工序号	工序名称	材料
04	A 面钻 2 - M8 底孔	HT200
加工车间	设备名称	设备型号
CNC	加工中心	KAVM1200
主程序名	子程序名	加工原点
O2600		G54

刀具半径补偿		刀具长度补偿	
D01 =		H01 =	
F（mm/min）	T1	180	T2	45
	T3	135.28	T4	
S（r/min）	T1	1200	T2	1350
	T3	2254.7	T4	
Vc（m/min）	T1	37.8	T2	220
	T3	85	T4	

注：工步用刀先后按以上刀具号（T）T1→T2→T3→…从小到大排序选用

工装		切削液
夹具	刀具名称	乳化液
定心夹具与专用夹具	410X90° No. 557 定钻；φ12.5 钻头	刀片号
		参见铣槽刀
		材质
夹具	刀具名称	
定心夹具与专用夹具	EMZ – 12L125 E12 可转位钻铣刀	刀片号
		材质
检具及量具	游标卡尺型号 0 ~ 150 精度 0.02mm；深度尺 0 ~ 150；内径千分尺 25 ~ 50；塞规；检棒；码 0.04 塞尺 0 ~ 5；0.01	
更改标记	更改单号	更改者/日期

工步号	工步内容
1	以底平面 2 - φ12F8 销孔与顶平面定位
2	数控编程前将 φ6.8 + 0.030^ + 0.015 极限偏差值，调整成对称公差值 φ6.823 + 0.007
3	以底面中心为基准找平面坐标点，用 410X90° No. 557 定心钻定心
4	钻铣两孔 CL 按①→②标注从小到大的顺序进行，给精镗留 0.2 余量
5	精镗两孔 CL 按标注从小到大的顺序进行，保证 φ6.6815 ~ φ6.6830，深 20mm，411.5 ± 0.1，163 ± 0.1 垂直度 φ0.04，位置度 0.05，Ra3.2um，锐边倒钝

工艺员		校对		审定		批准	

第 10 章

数控车床中顺逆圆弧插补指令运行方向研究

以标准床身数控车床的圆弧插补指令为例，本章主要论述在手工编程时如何正确确立工件坐标系，进行圆弧运行方向准确判别的简便方法，解除了编程人员因专业性要求太强而难以理解所产生的困惑，将复杂的事变得简单。

由于数控车床具有加工精度高、加工效率高、加工稳定性好、能做直线和圆弧插补以及在加工过程中能自动变速等特点，因而在回转体类零件如轴承、精密螺杆、蜗杆、高精密螺纹、蜗轮等加工方面，数控车削加工具有其他数控加工无法比拟的优势。

10.1 顺逆圆弧插补指令运行方向的常见形式

在制造业中，使用数控车削加工设备具有诸多优势，但对编程及其操作人员的专业素养提出了更高的要求，例如，标准床身数控车床手工编制圆弧插补指令程式，与数控车床斜床身以及数控铣床、加工中心机床的圆弧插补指令程式存在如图 10 – 1 和图 10 – 2 所示的相逆问题。

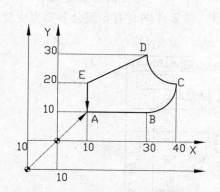

图 10 –1 加工中心机床或数控铣床
圆弧插补指令运行轨迹示意图

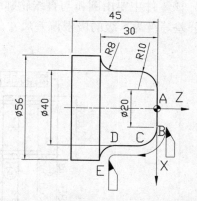

图 10 –2 数控车床（标准床身与斜床身）
圆弧插补指令运行轨迹示意图

以下是如图 10 –1 所示数控铣轮廓圆弧插补程式段：

...

N010 G90 G17 G00 X10 Y10;

N020 G01 X30 F100；
N030 G03 X40 Y40 I0 J－10；

N040 G02 X30 Y30 I0 J－10；
N050 G01 X10 Y20；
…
以下是如图 10－2 所示数控车轮廓圆弧插补程式段：
…
N009 G00 Z0；
N010 G03 X40 Z－10 R10；
N011 G01 W－12；
N012 G02 X56 Z－30 R8；
N013 G01 Z－50；
…

由此可见，图 10－1 与图 10－2 圆弧插补运行方向完全相反但圆弧插补指令却完全一致（都是 G03）。因此，最易导致数控车床编程人员产生困惑的是如何准确判别圆弧运行方向。标准型数控车床圆弧插补指令运行方向判别是区分与其他数控机床编程的重要基础之一，本书将论述一种简便的准确判别标准型数控车床圆弧插补指令运行方向的方法。

10.2 回旋体加工实例中顺逆圆弧插补指令运行方向的准确判别分析

图 10－3 是一种较典型的回转体数控车削零件。首先分析一下这个零件的主要技术问题：（1）该零件主要由圆弧与直线轮廓组成；（2）该零件有 5 级公差同轴度要求；（3）该零件有公差等级为 6 级的极限偏差尺寸公差要求；（4）该零件同时有 6 级公差垂直度要求。

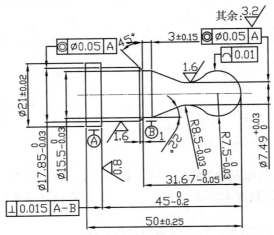

图 10－3 待加工零件

考虑零件加工的便易性和经济性，结合表 10 - 1 所列的 KENT - 18T 型数控车床的性能，不论是同轴，还是 X/Z 轴的定位精度以及重复定位精度。一般的经济型数控车床都能任胜该零件的加工。

表 10 - 1　　　　　　　　　　　　　**KENT - 18T 型数控车床参数及其精度**

参数或精度名称		范　　围
技术参数	最大回转直径	180mm
	最大工件长度	750mm
	纵向脉冲当量 Z	0.001
	横向脉冲当量 X	0.001
	主轴调速范围	100 ~ 2800r/min
精度	X 轴定位精度	0.015/100
	Y 轴定位精度	0.015/100
	X 轴重复定位精度	0.015/100
	Y 轴重复定位精度	0.015/100
	X，Y 两轴联动精度	0.015/100

标准型数控机床如数控铣，加工中心坐标系中 X，Y，Z 坐标轴的相互关系用右手笛卡尔直角坐标系决定，如图 10 - 4 所示：Z 坐标平行于主轴，刀具离开工件的方向为正；X 坐标与 Z 坐标垂直，且与刀具旋转平面平行，所以面对刀具主轴向立柱方向看，向右为正；在 Z，X 坐标确定后，Y 坐标用右手直角坐标系来确定，其圆弧运行方向如图 10 - 5 所示。

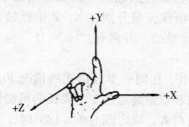

**图 10 - 4　数控机床坐标系
笛卡尔右手定则**

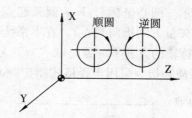

**图 10 - 5　X，Z 平面圆弧运行方向
判别示意图**

数控车床是两坐标的机床，只有 X 轴和 Z 轴是按右手定则的方法确定运行方向，现将 Y 轴也加上去一起考虑，如图 10 - 6 所示。观察者让 Y 轴的正向指向自己（即沿 Y 轴的负方向看去），站在这样的位置上就可正确判断 X - Z 平面上圆弧的方向了，如图 10 - 7 所示。标准型数控机床圆弧插补指令 G02 为按指定进给速度的顺时针圆弧插补；G03 为按指定进给速度的逆时针圆弧插补，如图 10 - 8 所示。一般数控车铣圆弧插补时，G02 为按指定进给速度的顺时针圆弧插补；G03 为按指定进给速度的逆时针圆弧插补，如图 10 - 9 所示。运行方向与平常认识正好相逆，其指令格式：

G02/G03 X（U）_____ Z（W）_____ I_____ K_____ F_____；

G02/G03 X（U）_____ Z（W）_____ R_____ F_____；

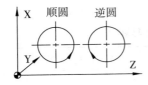

图 10 - 6　数控车圆弧运行方向
判别示意图

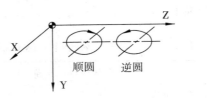

图 10 - 7　数控车坐标圆弧运行
方向判别示意图

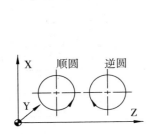

图 10 - 8　加工中心机床或数控铣床圆弧
插补指令运行方向判别示意图

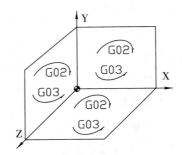

图 10 - 9　数控车床圆弧插补指令
运行方向判别示意图

说明：

a. 圆弧插补指令采用绝对值编程时，圆弧终点坐标为圆弧终点在工件坐标系中的坐标值，用 X，Z 表示；用增量值编程时，圆弧终点坐标为圆弧终点相对于圆弧起点的增量值，用 U，W 表示。圆心坐标 I，K 为圆弧起点到圆弧中心所作矢量分别在 X，Z 坐标轴方向上的分矢量（矢量方向指向圆心）。在本系统中 I，K 为增量值，并带有 " ± " 号，当分矢量的方向与坐标轴的方向不一致时取 " - " 号。

b. 圆弧插补指令采用半径格式指定圆心位置时，由于在同一半径格式的情况下，从圆弧的起点到终点有 2 个圆弧的可能性，为区别两者，规定圆心角≤180°时，用 " +R " 表示；若圆弧圆心角 > 180°时，用 " -R " 表示。

c. 圆弧插补指令采用半径格式指定圆心位置时，不能描述整圆。车削零件编程原点的 X 向零点应选在零件的回转中心。Z 向零点一般应选在零件的右端面、设计基准或对称平面内。车削零件的编程原点选择如图 10 - 10 所示。

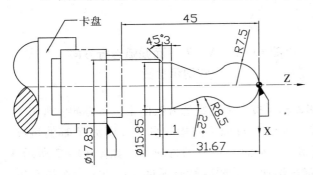

图 10 - 10　数控车削典型零件精加工示意图

10.3　回旋体加工顺逆圆弧插补指令与其相关程序结合实例

图 10 – 10 所示数控车削典型零件精加工程式如下：

…

N033　G00Z0※

N034　G01X0※

N035　G03X13Z – 11. 24R7. 5※

N036　G02Z – 19. 22R8. 5※

N037　G01X15. 5Z – 28※

N038　W – 3※

N039　X15. 85※

N040　X17. 85W – 1※

N041　Z – 45※

N042　X21※

N043　Z – 50※

N044　X25※

…

第 11 章

数控车床加工指令与车刀选工艺使用技巧

数控车床是目前使用最广泛的数控机床之一。数控车床主要用于加工轴类、盘类等回转体零件。通过数控加工程序的运行，可自动完成内外圆柱面、圆锥面、成形表面、螺纹和端面等工序的切削加工，并能进行车槽、钻孔、扩孔、铰孔等工作。车削中心可在一次装夹中完成更多的加工工序，提高加工精度和生产效率，特别适合于复杂形状回转类零件的加工。

11.1 数控车床程序编制

针对回转体零件加工的数控车床，在车削加工工艺、车削工艺装备、编程指令应用等方面都有鲜明的特色。为充分发挥数控车床的效益，下面将结合 HM – 077 数控车床的使用，分析数控车床加工程序编制的基础，首先讨论以下三个问题：数控车床的工艺装备；对刀方法；数控车床的编程特点。由于数控车床的加工对象多为回转体，一般使用通用三爪卡盘夹具，因而在工艺装备中，我们将以 WALTER 系列车削刀具为例，重点讨论车削刀具的选用及使用问题。

11.1.1 数控车床可转位刀具特点

数控车床所采用的可转位车刀，与通用车床相比一般无本质的区别，其基本结构、功能特点是相同的。但数控车床的加工工序是自动完成的，因此对可转位车刀的要求又有别于通用车床所使用的刀具，具体要求和特点如表 11 – 1 所示。

表 11 –1 可转位车刀特点

要求	特　点	目　的
精度高	采用 M 级或更高精度等级的刀片；多采用精密级的刀杆；用带微调装置的刀杆在机外预调好	保证刀片重复定位精度，方便坐标设定，保证刀尖位置精度
可靠性高	采用断屑可靠性高的断屑槽型或有断屑台和断屑器的车刀；采用结构可靠的车刀，采用复合式夹紧结构和夹紧可靠的其他结构	断屑稳定，不能有紊乱和带状切屑；适应刀架快速移动和换位以及整个自动切削过程中夹紧不得有松动的要求

要求	特　　点	目　　的
换刀迅速	采用车削工具系统采用快换小刀夹	迅速更换不同形式的切削部件，完成多种切削加工，提高生产效率
刀片材料	刀片较多采用涂层刀片	满足生产节拍要求，提高加工效率
刀杆截形	刀杆较多采用正方形刀杆，但因刀架系统结构差异大，有的需采用专用刀杆	刀杆与刀架系统匹配

11.1.2　数控车床刀具的选刀过程

数控车床刀具的选刀过程，如图 11 - 1 所示。从对被加工零件图样的分析开始，到选定刀具，共需经过十个基本步骤，以图 11 - 1 中的 10 个图标来表示。选刀工作过程从第 1 图标"零件图样"开始，经箭头所示的两条路径，共同到达最后一个图标"选定刀具"，以完成选刀工作。其中，第一条路线为：零件图样、机床影响因素、选择刀杆、刀片夹紧系统、选择刀片形状，主要考虑机床和刀具的情况；第二条路线为：工件影响因素、选择工件材料代码、确定刀片的断屑槽型代码或 ISO 断屑范围代码、选择加工条件脸谱，这条路线主要考虑工件的情况。综合这两条路线的结果，才能确定所选用的刀具。下面将讨论每一图标的内容及选择办法。

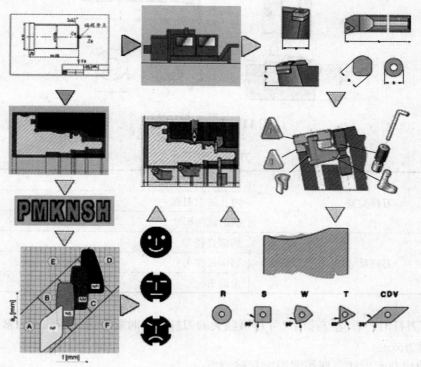

图 11 - 1　数控车床刀具的选刀过程

（1）机床影响因素。

"机床影响因素"图标如图 11 - 2 所示。为保证加工方案的可行性、经济性，获得最佳加工方案，在刀具选择前必须确定与机床有关的如下因素：

　　a. 机床类型：数控车床、车削中心；

　　b. 刀具附件：刀柄的形状和直径，左切和右切刀柄；

　　c. 主轴功率；

　　d. 工件夹持方式。

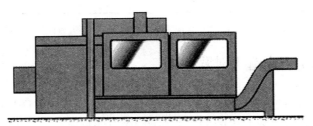

图 11 - 2　机床影响因素

（2）选择刀杆。

"选择刀杆"图标如图 11 - 3 所示。其中，刀杆类型尺寸如表 11 - 2 所示。

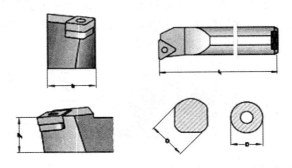

图 11 - 3　选择刀杆

表 11 - 2　　　　　　　　　　　　　　刀杆类型尺寸

	外圆加工刀杆
刀杆类型	内孔加工刀杆
	柄部截面形状
	柄部直径 D
刀杆尺寸	柄部长度 l_1
	主偏角

在选用刀杆时，首先应选用尺寸尽可能大的刀杆，同时要考虑以下几个因素：

　　a. 夹持方式；

　　b. 切削层截面形状，即切削深度和进给量；

　　c. 刀柄的悬伸。

（3）刀片夹紧系统。

刀片夹紧系统常用杠杆式夹紧系统，"杠杆式夹紧系统"图标如图 11 – 4 所示。

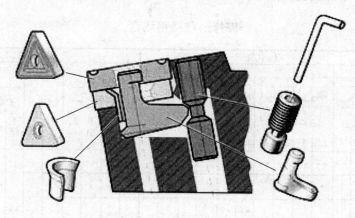

图 11 – 4　杠杆式夹紧系统

a. 杠杆式夹紧系统。

杠杆式夹紧系统是最常用的刀片夹紧方式。其特点为：定位精度高，切屑流畅，操作简便，可与其他系列刀具产品通用。

b. 螺钉夹紧系统。

特点：适用于小孔径内孔以及长悬伸加工。

（4）选择刀片形状。

"选择刀片形状"图标如图 11 – 5 所示。

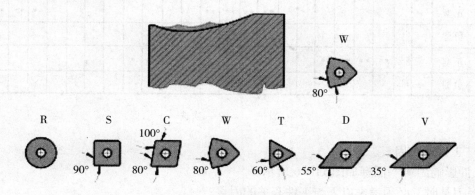

图 11 – 5　选择刀片形状

主要参数选择方法如下：

a. 刀尖角。

刀尖角的大小决定了刀片的强度。在工件结构形状和系统刚性允许的前提下，应选择尽可能大的刀尖角。通常这个角度在 35°到 90°之间。

图 11 – 5 中 R 型圆刀片，在重切削时具有较好的稳定性，但易产生较大的径向力。

b. 刀片基本类型。

刀片可分为正型和负型两种基本类型。正型刀片：对于内轮廓加工，小型机床加工，工艺系统刚性较差和工件结构形状较复杂应优先选择正型刀片；负型刀片：对于外圆加工，金属切除率高和加工条件较差时应优先选择负型刀片。选择方法如表 11 – 3 所示。

表 11 – 3　　　　　　刀片形状适用场合

可转位刀片类型		内孔加工 L:D 2.5	内孔 4	L:D 2.5	4	L:D 2.5	4	L:D 2.5	4	L:D 2.5	4	L:D 2.5	4	外圆 不稳定	稳定	不稳定	稳定	不稳定	稳定	不稳定	稳定	不稳定	稳定	不稳定	稳定
80°	正型	••	••	••	••	••	••							••	•	••	•								
80°	负型	•		•		•								•		•	•								
55°	正型							••	••											••	•				
55°	负型	•		•				•												•	••				
○	正型																	••							
○	负型																								
95°	正型	••	••											•		•									
95°	负型	•												•		••									
60°	正型	•		•		••	••													••	•				
60°	负型			•		•														•	••				
35°	正型							••	••	••	••											••	•	••	••
35°	负型																								
10°	正型			••	•	••	••							••	•	•									
10°	负型	•		•		•								•	••	•	••								

　　•• …… 首选　　　• …… 次选

（5）工件影响因素。

"工件影响因素"图标如图 11 – 6 所示。

选择刀具时，必须考虑以下与工件有关的因素：

a. 工件形状：稳定性；

b. 工件材质：硬度、塑性、韧性、可能形成的切屑类型；

c. 毛坯类型：锻件、铸件等；

d. 工艺系统刚性：机床夹具、工件、刀具等；

e. 表面质量；

f. 加工精度；

g. 切削深度；

h. 进给量；

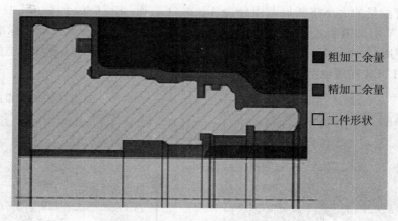

图例：
- ■ 粗加工余量
- ■ 精加工余量
- □ 工件形状

图 11 - 6　工件影响因素

i. 刀具耐用度。

（6）选择工件材料代码。

"选择工件材料代码"图标如图 11 - 7 所示。

图 11 - 7　选择工件材料代码

按照不同的机加工性能，加工材料分成 6 个工件材料组，他们分别和一个字母和一种颜色对应，以确定被加工工件的材料组符号代码，如表 11 - 4 所示。

表 11 - 4　　　　　　　　　　**选择工件材料代码**

加工材料组		代　码
钢	非合金和合金钢 高合金钢 不锈钢，铁素体，马氏体	P（蓝）
不锈钢和铸钢	奥氏体 铁素体——奥氏体	M（黄）
铸铁	可锻铸铁，灰口铸铁，球墨铸铁	K（红）
NF 金属	有色金属和非金属材料	N（绿）
难切削材料	以镍或钴为基体的热固性材料钛，钛合金及难切削加工的高合金钢	S（棕）
硬材料	淬硬钢，淬硬铸件和冷硬模铸件，锰钢	H（白）

（7）确定刀片的断屑槽型代码或 ISO 断屑范围代码。

"确定刀片的断屑槽型代码或 ISO 断屑范围代码"图标如图 11 - 8 所示。ISO 标准按切

削深度 a_p 和进给量的大小将断屑范围分为 A、B、C、D、E、F 六个区，其中 A、B、C、D 为常用区域，WALTER 标准将断屑范围分为图中各色块表示的区域，ISO 标准和 WALTER 标准可结合使用，如图 11 - 8 所示。根据选用标准，按加工的切削深度和合适的进给量来确定刀片的 WALTER 断屑槽型代码或 ISO 分类范围。

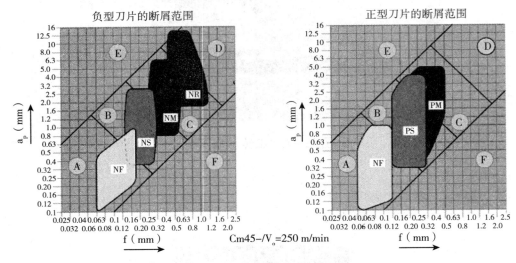

图 11 - 8 确定刀片断屑槽代码

（8）选择加工条件脸谱。

"选择加工条件脸谱"图标如图 11 - 9 所示，三类脸谱代表了不同的加工条件：很好、好、不足。表 11 - 5 表示加工条件取决于机床的稳定性、刀具夹持方式和工件加工表面。

图 11 - 9 加工条件脸谱

表 11 - 5   选择加工条件

加工方式 \ 机床，夹具和工件系统的稳定性	很好	好	不足
无断续切削加工表面已经过粗加工	☺	☺	😐
带铸件或锻件硬表层，不断变换切深轻微的断续切削	☺	😐	😐
中等断续切屑	😐	😐	☹
严重断续切削	☹	☹	☹

（9）选定刀具。

"选定刀具"图标如图 11 – 10 所示。

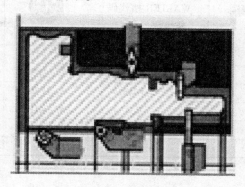

图 11 – 10　选定刀具

选定工作分以下两方面：

a. 选定刀片材料。

根据被加工工件的材料组符号标记、WALTER 槽型、加工条件脸谱，就可得出 WALTER 推荐刀片材料代号，如表 11 – 6 和表 11 – 7 所示。

表 11 – 6　　　　　　　　选定刀片材料（选择负型刀片）

工件材料组	ISO 分类范围	WALTER 槽代码	☺	😐	😠
P（蓝）	AB	... – NS4	WAK10	WAP20	WAM20
	B	... – NS8	WAP10	WAP20	WAP30
	BC	... – NM4	WAP10	WAP20	WAP30
	C	... – NM7	WAP10	WAP20	WAP30
	CD	... – NR7	WAP10	WAP20	WAP30
M（黄）	AB	... – NS4	WAM20	WAM20	WAM20
	BC	... – NM4	WAP30	WAM20	WAM20
	CD	... – NR7	WAP30	WAP30	WAP30
K（红）	—	... – NS4	WAK10	WAP20	WAP20
	—	... – NS8	WAK10	WAP20	WAP30
	—	... – NM4	WAK10	WAK10	WAP30
	—	. NMA	WAK10	WAK10	—

表 11 – 7 选定刀片材料（选择正型刀片）

工件材料组	ISO 分类范围	WALTER 槽代码	😊	😐	😖
P（蓝）	AB	… – PS4	WAK10	WAP20	WAM20
	BC	… – PM5	WAP10	WAP20	WAP30
M（黄）	AB	… – PS4	WAM20	WAM20	WAM20
	BC	… – PM5	WAP30	WAP30	WAP30
K（红）	—	… – PS4	WAK10	WAK20	WAP20
	—	… – PM5	WAP10	WAP20	WAP30
N（绿）	—	… – PM2	WK1	WK1	WK1

b. 选定刀具。

根据工件加工表面轮廓，从刀杆订货页码中选择刀杆。

根据选择好的刀杆，从刀片订货页码中选择刀片。

11.2 数控车床的对刀

在数控车削加工中，应首先确定零件的加工原点，以建立准确的加工坐标系，同时考虑刀具的不同尺寸对加工的影响。这些都需要通过对刀来解决。

11.2.1 数控车床一般对刀

一般对刀是指在机床上使用相对位置检测手动对刀。下面以 Z 向对刀为例说明对刀方法，如图 11 – 11 所示。

刀具安装后，先移动刀具手动切削工件右端面，再沿 X 向退刀，将右端面与加工原点距离 N 输入数控系统，即完成这把刀具 Z 向对刀过程。

手动对刀是基本对刀方法，但它还是没跳出传统车床的"试切—测量—调整"的对刀模式，占用较多的在机床上时间。此方法较为落后。

11.2.2 机外对刀仪对刀

机外对刀的本质是测量出刀具假想刀尖点到刀具台基准之间 X 及 Z 方向的距离。利用机外对刀仪可将刀具预先在机床外校对好，以便装上机床后将对刀长度输入相应刀具补偿号即可以使用，如图 11 – 12 所示。

11.2.3 自动对刀

自动对刀是通过刀尖检测系统实现的，刀尖以设定的速度向接触式传感器接近，当刀尖与传感器接触并发出信号时，数控系统立即记下该瞬间的坐标值，并自动修正刀具补偿值。自动对刀过程如图 11 - 13 所示。

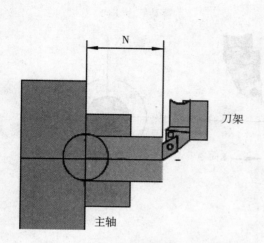

图 11 - 11　相对位置检测对刀

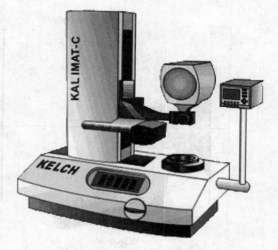

图 11 - 12　机外对刀仪对刀

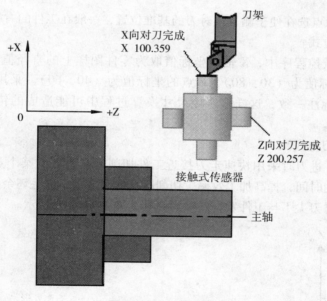

图 11 - 13　自动对刀

11.3　数控车床的基本编程方法

（1）数控车床的基本编程方法加工坐标系。

加工坐标系应与机床坐标系的坐标方向一致，X 轴对应径向，Z 轴对应轴向，C 轴（主轴）的运动方向则以从机床尾架向主轴看，逆时针为 + C 向，顺时针为 - C 向，如图 11 - 14 所示：

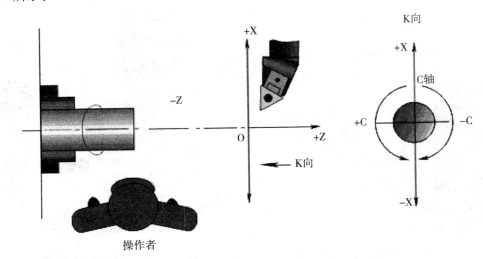

图 11 - 14　数控车床坐标系

加工坐标系的原点选在便于测量或对刀的基准位置，一般在工件的右端面或左端面上。

（2）直径编程方式。

在车削加工的数控程序中，X 轴的坐标值取为零件图样上的直径值，如图 11 - 15 所示：图中 A 点的坐标值为（30，80），B 点的坐标值为（40，60）。采用直径尺寸编程与零件图样中的尺寸标注一致，这样可避免尺寸换算过程中可能造成的错误，给编程带来很大方便。

（3）进刀和退刀方式。

对于车削加工，进刀时采用快速走刀接近工件切削起点附近的某个点，再改用切削进给，以减少空走刀的时间，提高加工效率。切削起点的确定与工件毛坯余量大小有关，应以刀具快速走到该点时刀尖不与工件发生碰撞为原则。如图 11 - 16 所示。

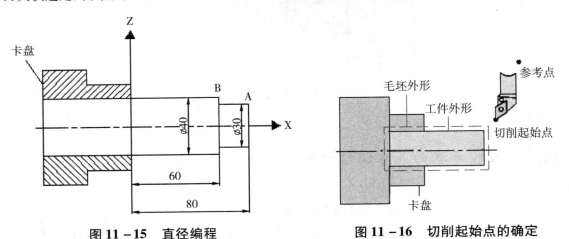

图 11 - 15　直径编程　　　　**图 11 - 16　切削起始点的确定**

数控车削加工包括内外圆柱面的车削加工、端面车削加工、钻孔加工、螺纹加工、复杂外形轮廓回转面的车削加工等，在分析了数控车床工艺装备和数控车床编程特点的基础上，下面将结合配置 FANUC – 0T 数控系统的 HM – 077 数控车床重点讨论数控车床基本编程方法。

11.3.1　F 功能

F 功能指令用于控制切削进给量。在程序中，有两种使用方法。

（1）每转进给量。

编程格式 G95 F ~ ;

F 后面的数字表示的是主轴每转进给量，单位为 mm/r。

【例】 G95 F0.2 表示进给量为 0.2mm/r。

（2）每分钟进给量。

编程格式 G94 F ~ ;

F 后面的数字表示的是每分钟进给量，单位为 mm/min。

【例】 G94 F100 表示进给量为 100mm/min。

11.3.2　S 功能

S 功能指令用于控制主轴转速。

编程格式　S ~ ;

S 后面的数字表示主轴转速，单位为 r/min。在具有恒线速功能的机床上，S 功能指令还有如下作用。

（1）最高转速限制。

编程格式 G50 S ~ ;

S 后面的数字表示的是最高转速：r/min。

【例】 G50 S3000 表示最高转速限制为 3000r/min。

（2）恒线速控制。

编程格式 G96 S ~ ;

S 后面的数字表示的是恒定的线速度：m/min。

【例】 G96 S150 表示切削点线速度控制在 150m/min。

对图 11 – 17 中的零件，为保持 A、B、C 各点的线速度在 150m/min，则各点在加工时的主轴转速分别为：

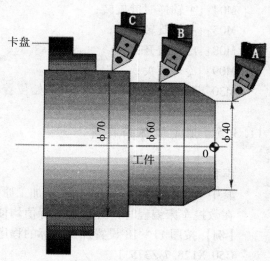

图 11 – 17　恒线速切削方式

A：$n = 1000 \times 150 \div (\pi \times 40) = 1193$ r/min

B：$n = 1000 \times 150 \div (\pi \times 60) = 795$ r/min

C：$n = 1000 \times 150 \div (\pi \times 70) = 682$ r/min

（3）恒线速取消。

编程格式 G97 S~;

S 后面的数字表示恒线速度控制取消后的主轴转速，如 S 未指定，将保留 G96 的最终值。

【例】G97 S3000 表示恒线速控制取消后主轴转速 3000r/min。

11.3.3 T 功能

T 功能指令用于选择加工所用刀具。

编程格式 T~;

T 后面通常有两位数表示所选择的刀具号码。但也有 T 后面用四位数字，前两位是刀具号，后两位是刀具长度补偿号，又是刀尖圆弧半径补偿号。

【例】T0303 表示选用 3 号刀及 3 号刀具长度补偿值和刀尖圆弧半径补偿值。T0300 表示取消刀具补偿。

11.3.4 M 功能

M00：程序暂停，可用 NC 启动命令（CYCLE START）使程序继续运行；

M01：计划暂停，与 M00 作用相似，但 M01 可以用机床"任选停止按钮"选择是否有效；

M03：主轴顺时针旋转；

M04：主轴逆时针旋转；

M05：主轴旋转停止；

M08：冷却液开；

M09：冷却液关；

M30：程序停止，程序复位到起始位置。

11.3.5 加工坐标系设置

编程格式 G50 X~ Z~;

其中 X、Z 的值是起刀点相对于加工原点的位置。G50 使用方法与 G92 类似。

在数控车床编程时，所有 X 坐标值均使用直径值，如图 11-19 所示。

【例】按图 11-18 设置加工坐标的程序段如下：

G50 X128.7 Z375.1

11.3.6 倒角、倒圆编程

（1）45°倒角。

由轴向切削向端面切削倒角，即由 Z 轴向 X 轴倒角，i 的正负根据倒角是向 X 轴正向还

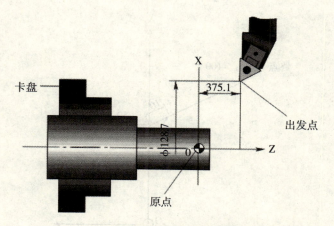

图 11 – 18　设定加工坐标系

是负向，如图 11 – 19a 所示。其编程格式为　G01 Z(W) ~ I ± i。

由端面切削向轴向切削倒角，即由 X 轴向 Z 轴倒角，k 的正负根据倒角是向 Z 轴正向还是负向，如图 11 – 19b 所示。

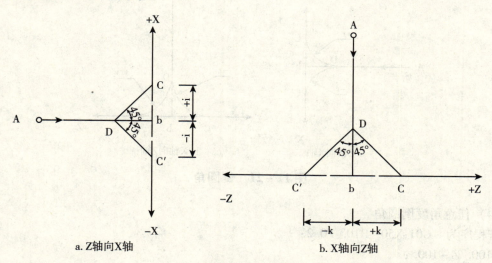

a. Z 轴向 X 轴　　　　　　　　　　b. X 轴向 Z 轴

图 11 – 19　倒角

编程格式　G01 X(U) ~ K ± k。

（2）任意角度倒角。

在直线进给程序段尾部加上 C ~ ，可自动插入任意角度的倒角。C 的数值是从假设没有倒角的拐角交点距倒角始点或与终点之间的距离，如图 11 – 20 所示。

【例】G01 X50. C10. ;

X100 Z – 100。

（3）倒圆角。

编程格式　　G01 Z(W) ~ 当 R ± r 时，圆弧倒角情况如图 11 – 21a）所示。

编程格式　　G01 X(U) ~ 当 R ± r 时，圆弧倒角情况如图 11 – 21b）所示。

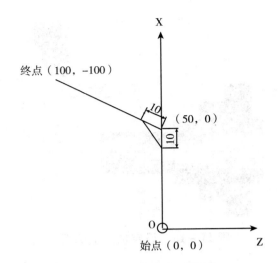

图 11 - 20　任意角度倒角

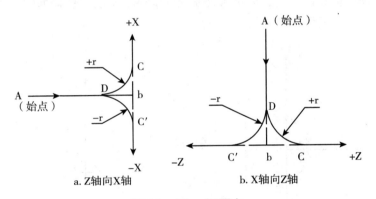

a. Z轴向X轴　　　　　　　b. X轴向Z轴

图 11 - 21　倒圆角

（4）任意角度倒圆角。

若程序为　G01 X50. R10. F0.2；

X100. Z - 100. ；

则加工情况如图 11 - 22 所示。

【例】加工图 11 - 23 所示零件的轮廓，程序如下：

G00 X10. Z22.

G01 Z10. R5. F0.2

X38. K - 4

Z0

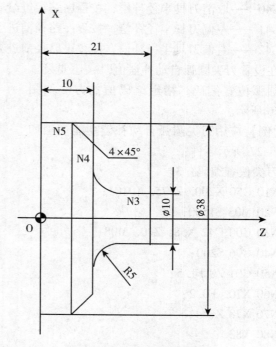

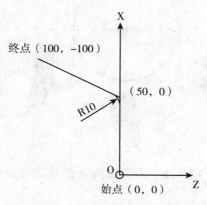

图 11 - 22　任意角度倒圆角

图 11 - 23　应用例图

11.3.7　刀尖圆弧自动补偿功能

在编程时，通常都将车刀刀尖作为一点来考虑，但实际上刀尖处存在圆角，如图 11 - 24 所示。当用按理论刀尖点编出的程序进行端面、外径、内径等与轴线平行或垂直的表面加工时，是不会产生误差的。但在进行倒角、锥面及圆弧切削时，则会产生少切或过切现象，如图 11 - 25 所示。具有刀尖圆弧自动补偿功能的数控系统能根据刀尖圆弧半径计算出补偿量，避免少切或过切现象的产生。

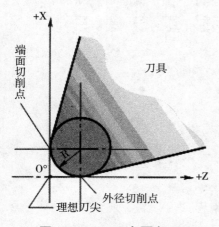

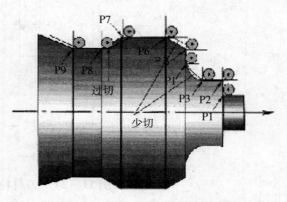

图 11 - 24　刀尖圆角 R

图 11 - 25　刀尖圆角 R 造成的少切与过切

G40——取消刀具半径补偿，按程序路径进给。

G41——左偏刀具半径补偿，按程序路径前进方向刀具偏在零件左侧进给。

G42——右偏刀具半径补偿，按程序路径前进方向刀具偏在零件右侧进给。

在设置刀尖圆弧自动补偿值时，还要设置刀尖圆弧位置编码，指定编码值的方法如图 11 – 26 所示。

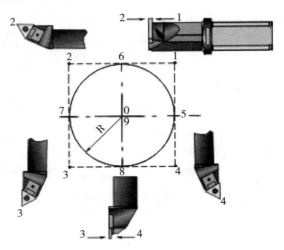

【例】应用刀尖圆弧自动补偿功能加工如图 11 – 27 所示零件：

刀尖位置编码：3

N10 G50 X200. Z175. T0101；

N20 M03 S1500；

N30 G00 G42 X58. Z10. M08；

N40 G96 S200；

N50 G01 Z0 F1.5；

N60 X70. F0.2；

N70 X78 Z – 4；

N80 X83.；

图 11 – 26　刀尖圆角 R 的确定方法

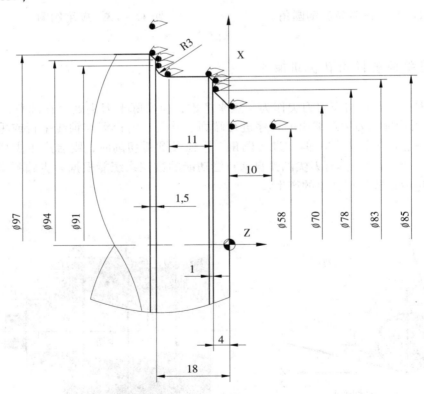

图 11 – 27　刀具补偿编程

N90 X85. Z-5.；

N100 G02 X91. Z-18. R3. F0.15；

N110 G01 X94.；

N120 X97. Z-19.5；

N130 X100.；

N140 G00 G40 G97 X200. Z175. S1000；

N150 M30；

11.3.8 单一固定循环

单一固定循环可以将一系列连续加工动作，如"切入—切削—退刀—返回"，用一个循环指令完成，从而简化程序。

（1）圆柱面或圆锥面切削循环。

圆柱面或圆锥面切削循环是一种单一固定循环，圆柱面单一固定循环如图 11-28 所示，圆锥面单一固定循环如图 11-29 所示。

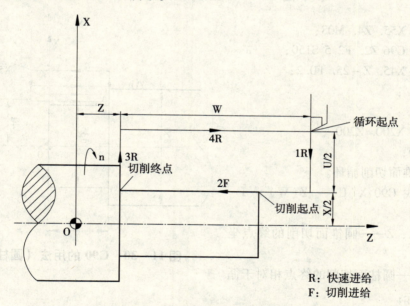

R：快速进给
F：切削进给

图 11-28 圆柱面切削循环

（2）圆柱面切削循环。

编程格式 G90 X(U)~ Z(W)~ F~；

其中，X、Z——圆柱面切削的终点坐标值；

U、W——圆柱面切削的终点相对于循环起点坐标分量。

【例】应用圆柱面切削循环功能加工图 11-30 所示零件。

N10 G50 X200. Z200. T0101；

N20 M03 S1000；

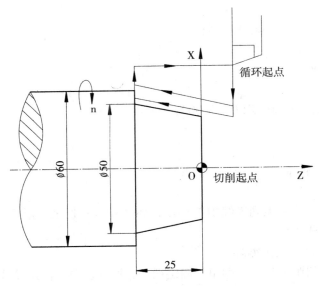

图 11-29 圆锥面切削循环

N30 G00 X55. Z4. M08；

N40 G01 G96 Z2. F2.5 S150；

N50 G90 X45. Z-25. F0.2；

N60 X40.；

N70 X35.；

N80 G00 X200. Z200.；

N90 M30；

（3）圆锥面切削循环。

编程格式 G90 X（U）～ Z（W）～ I～

F～；

其中，X、Z——圆锥面切削的终点坐

标值；

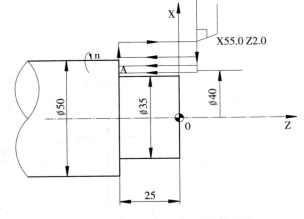

图 11-30 G90 的用法（圆柱面）

U、W——圆柱面切削的终点相对于循

环起点的坐标；

I——圆锥面切削的起点相对于终点的半径差。如果切削起点的 X 向坐标小于终点的 X

向坐标，I 值为负，反之为正。如图 11-29 所示。

【例】应用圆锥面切削循环功能加工图 11-29 所示零件。

……

G01 X65. Z2.；

G90 X60. Z-35. I-5. F0.2；

X50.；

G00 X100. Z200.；

……

（4）端面切削循环。

端面切削循环是一种单一固定循环。适用于端面切削加工，如图 11 – 31 所示。

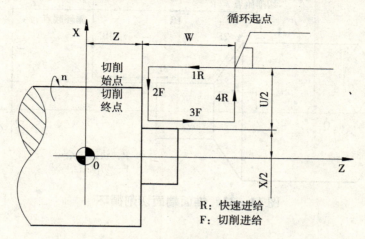

图 11 – 31 端面切削循环

（1）平面端面切削循环。

编程格式 G94 X（U）~ Z（W）~ F~ ；

其中，X、Z——端面切削的终点坐标值；

U、W——端面切削的终点相对于循环起点的坐标。

【例】应用端面切削循环功能加工如图 11 – 31 所示零件。

‥‥‥‥

G00 X85. Z5. ；

G94 X30. Z – 5. F0. 2；

Z – 10. ；

Z – 15. ；

‥‥‥‥

（2）锥面端面切削循环。

编程格式 G94 X（U）~ Z（W）~ K~ F~ ；

其中，X、Z——端面切削的终点坐标值；

U、W——端面切削的终点相对于循环起点的坐标；

K——端面切削的起点相对于终点在 Z 轴方向的坐标分量。当起点 Z 向坐标小于终点 Z 向坐标时 K 为负，反之为正。如图 11 –32 所示。

【例】应用端面切削循环功能加工如图 11 –33 所示零件。

‥‥‥‥

G94 X20. Z0 K – 5 F0. 2；

Z – 5. ；

Z – 10. ；

‥‥‥‥

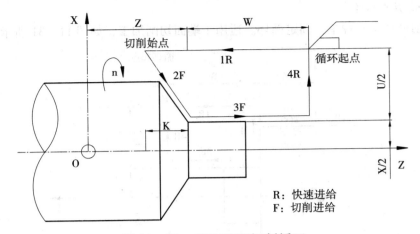

R: 快速进给
F: 切削进给

图 11 – 32　锥面端面切削循环

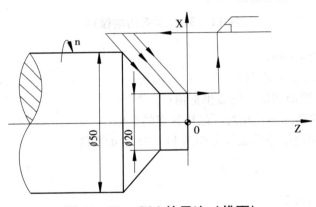

图 11 – 33　G94 的用法（锥面）

11.3.9　复合固定循环

在复合固定循环中，对零件的轮廓定义之后，即可完成从粗加工到精加工的全过程，使程序得到进一步简化。

（1）外圆粗切循环。

外圆粗切循环是一种复合固定循环。适用于外圆柱面需多次走刀才能完成的粗加工，如图 11 – 34 所示。

编程格式：

G71 U（Δd）R（e）

G71 P（ns）Q（nf）U（Δu）W（Δw）F（f）S（s）T（t）；

其中，

Δd——背吃刀量；

e——退刀量；

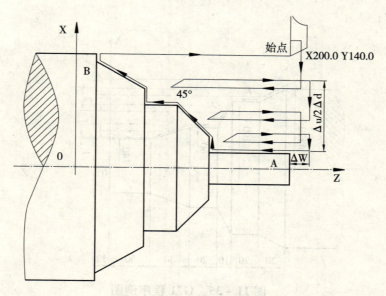

图 11 – 34　外圆粗切循环

ns——精加工轮廓程序段中开始程序段的段号；

nf——精加工轮廓程序段中结束程序段的段号；

Δu——X 轴向精加工余量；

Δw——Z 轴向精加工余量；

f、s、t——F、S、T 代码。

注意：

a. ns→nf 程序段中的 F、S、T 功能，即使被指定也对粗车循环无效。

b. 零件轮廓必须符合 X 轴、Z 轴方向同时单调增大或单调减少；X 轴、Z 轴方向非单调时，ns→nf 程序段中第一条指令必须在 X、Z 向同时有运动。

【例】按图 11 – 35 所示尺寸编写外圆粗切循环加工程序。

N10 G50 X200. Z140. T0101；

N20 G00 G42 X120. Z10. M08；

N30 G96 S120；

N40 G71 U2. R0. 5；

N50 G71 P60 Q120 U0. 2 W0. 2 F0. 25；

N60 G00 X40. 　　　　　　　　//ns

N70 G01 Z – 30. F0. 15；

N80 X60 Z – 60. ；

N90 Z – 80. ；

N100 X100. Z – 90. ； N110 Z – 110. ；

N120 X120. Z – 130. ；　　　　　//nf

N130 G00 X125. ；

N140 X200. Z140. ；

N150 M02；

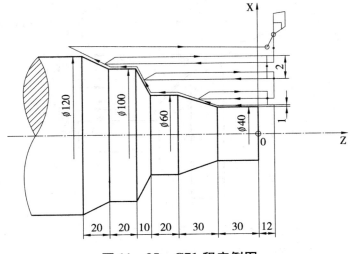

图 11 - 35   G71 程序例图

（2）端面粗切循环。

端面粗切循环是一种复合固定循环。端面粗切循环适于 Z 向余量小，X 向余量大的棒料粗加工，如图 11 - 36 所示。

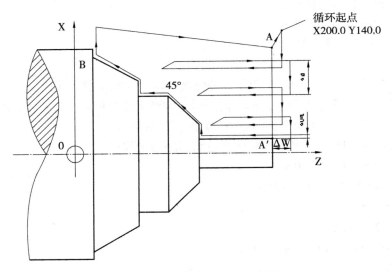

图 11 - 36   端面粗加工切削循环

编程格式

G72 U（Δd）R（e）；

G72 P（ns）Q（nf）U（Δu）；W（Δw）F（f）S（s）T（t）；

其中，

Δd——背吃刀量；

e——退刀量；

ns——精加工轮廓程序段中开始程序段的段号；

nf——精加工轮廓程序段中结束程序段的段号；

Δu——X 轴向精加工余量；

Δw——Z 轴向精加工余量；

f、s、t——F、S、T 代码。

注意：

a. ns→nf 程序段中的 F、S、T 功能，即使被指定对粗车循环无效。

b. 零件轮廓必须符合 X 轴、Z 轴方向同时单调增大或单调减少。

【例】按图 11 - 37 所示的尺寸编写端面相切循环加工程序。

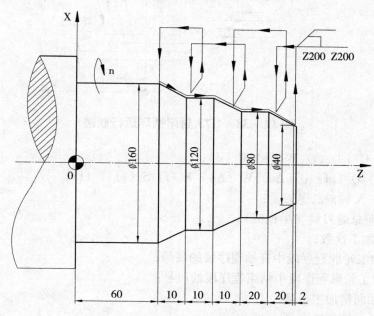

图 11 - 37　G72 程序例图

N10 G50 X200. Z200. T0101；

N30 G90 G00 G41 X176. Z2. M08；

N40 G96 S120；

N50 G72 U3 R0.5；

N60 G72 P70 Q120 U2 W0.5 F0.2；

N70 G00 X160. Z60.；　　　　　　　　　　//ns

N80 G01 X120. Z70. F0.15；

N90 Z80.；

N100 X80. Z90.；

N110 Z110.；

N120 X36. Z132.；　　　　　　　　　　　//nf

N130 G00 G40 X200. Z200.；

N140 M30；

（3）封闭切削循环。

封闭切削循环是一种复合固定循环，如图 11 - 38 所示。封闭切削循环适于对铸、锻毛坯切削，对零件轮廓的单调性则没有要求。

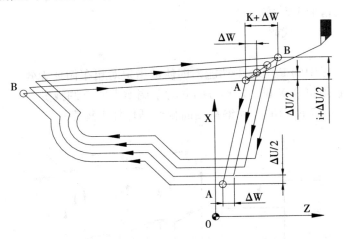

图 11 - 38　G73 封闭循环运行轨迹

编程格式　G73 U (i) W (k) R (d)；

G73 P (ns) Q (nf) U (Δu) W (Δw) F (f) S (s) T (t)；

其中，i——X 轴向总退刀量；

k——Z 轴向总退刀量（半径值）；

d——重复加工次数；

ns——精加工轮廓程序段中开始程序段的段号；

nf——精加工轮廓程序段中结束程序段的段号；

Δu——X 轴向精加工余量；

Δw——Z 轴向精加工余量；

f、s、t——F、S、T 代码。

【例】按图 11 - 39 所示的尺寸编写封闭切削循环加工程序。

N01 G50 X200. Z200. T0101；

N20 M03 S2000；

N30 G00 G42 X140. Z40. M08；

N40 G96 S150；

N50 G73 U9. 5 W9. 5 R3. ；

N60 G73 P70 Q130 U1 W0. 5 F0. 3；

N70 G00 X20. Z0；　　　　　　　　//ns

N80 G01 Z - 20. F0. 15；

N90 X40. Z - 30. ；

N100 Z - 50. ；

N110 G02 X80. Z - 70. R20. ；

N120 G01 X100. Z - 80. ；

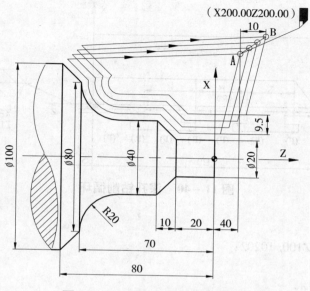

图 11 - 39　G73 循环程序例图

N130 X105. ;　　　　　　　　　　　　//nf

N140 G00 X200. Z200. G40;

N150 M30;

11.3.10　精加工循环

由 G71、G72、G73 完成粗加工后，可以用 G70 进行精加工。精加工时，G71、G72、G73 程序段中的 F、S、T 指令无效，只有在 ns ~ nf 程序段中的 F、S、T 才有效。

编程格式　G70 P（ns）Q（nf）;

其中，ns——精加工轮廓程序段中开始程序段的段号;

nf——精加工轮廓程序段中结束程序段的段号。

【例】在 G71、G72、G73 程序应用例中的 nf 程序段后再加上"G70 Pns Qnf"程序段，并在 ns ~ nf 程序段中加上精加工适用的 F、S、T，就可以完成从粗加工到精加工的全过程。

11.3.11　深孔钻循环

深孔钻循环功能适用于深孔钻削加工，如图 11 - 40 所示。

编程格式　G74 R(e)

G74 Z(W)Q(Δk)F

其中，e——退刀量;

Z(W)——钻削深度;

Δk——每次钻削长度（不加符号）。

【例】采用深孔钻削循环功能加工图 4 - 40 所示深孔，试编写加工程序。其中：e = 1，

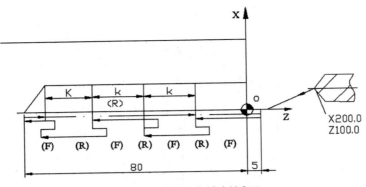

图 11 -40 深孔钻削循环

$\Delta k = 20$，$F = 0.1$。

N10 G50 X200. Z100. T0202；

N20 M03 S600；

N30 G00 X0 Z1.；

N40 G74 R1.；

N50 G74 Z – 80 . Q20. F0. 1；

N60 G00 X200 . Z100.；

N70 M30；

11.3.12 外径切槽循环

外径切削循环功能适合于在外圆面上切削沟槽或切断加工。

编程格式   G75 R(e)；

G75 X(U)P(Δi)F～

其中，e——退刀量；

X(U)——槽深；

Δi——每次循环切削量。

【例】试编写进行图 11 –41 所示零件切断加工的程序。

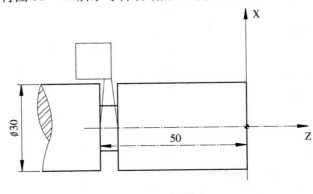

图 11 –41 切槽加工

G50 X200. Z100. T0202；

M03 S600；

G00 X35. Z – 50. ；

G75 R1. ；

G75 X – 1. P5 F0. 1；

G00 X200. Z100. ；

M30；

11.3.13　螺纹切削指令

该指令用于螺纹切削加工。

（1）基本螺纹切削指令。

基本螺纹切削方法见图 11 – 42 所示。

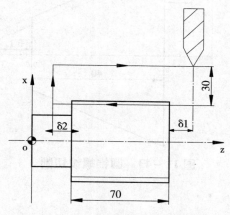

图 11 – 42　圆柱螺纹切削

编程格式　G32 X(U) ~ Z(W) ~ F ~ ；

其中，X(U)、Z(W)——螺纹切削的终点坐标值；X 省略时为圆柱螺纹切削，Z 省略时为端面螺纹切削；X、Z 均不省略时为锥螺纹切削；（X 坐标值依据《机械设计手册》查表确定）

F——螺纹导程。

螺纹切削应注意在两端设置足够的升速进刀段 δ_1 和降速退刀段 δ_2。

【例】试编写图 11 – 42 所示螺纹的加工程序。（螺纹导程 4mm，升速进刀段 $\delta_1 = 3$mm，降速退刀段 $\delta_2 = 1.5$mm，螺纹深度 2.165mm）。

……

G00 U – 62. ；

G32 W – 74. 5 F4；

G00 U62. ；

W74. 5；

U – 64. ;

G32 W – 74. 5；

G00 U64. ；

W74. 5；

……；

【例】 试编写图 11 – 43 所示圆锥螺纹的加工程序（螺纹导程 3.5mm，升速进刀段 δ1 = 2mm，降速退刀段 δ2 = 1mm，螺纹深度 1.0825mm）。

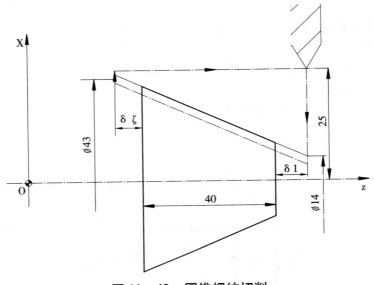

图 11 – 43　圆锥螺纹切削

G00 X12. ；

G32 X41 W – 43 F3. 5；

G00 X50. ；

W43. ；

X10. ；

G32 X39. W – 43. ；

G00 X50. ；

W43. ；

（2）螺纹切削循环指令。

螺纹切削循环指令把"切入 – 螺纹切削 – 退刀 – 返回"四个动作作为一个循环，如图 11 – 44 所示，用一个程序段来指令。

编程格式　G92 X(U) ~ Z(W) ~ I ~ F ~ ；

其中，X(U)、Z(W)——螺纹切削的终点坐标值；

I——螺纹部分半径之差，即螺纹切削起始点与切削终点的半径差。加工圆柱螺纹时，I = 0。加工圆锥螺纹时，当 X 向切削起始点坐标小于切削终点坐标时，I 为负，反之为正。

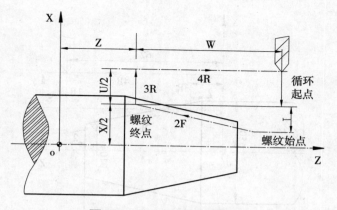

图 11 – 44 螺纹切削循环

【例】试编写图 11 – 45 所示圆柱螺纹的加工程序。

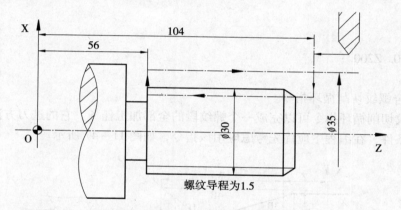

螺纹导程为1.5

图 11 – 45 圆柱螺纹切削循环

......
G00 X35. Z104. ;
G92 X29. 2 Z53. F1. 5；
X28. 6；
X28. 2；
X28. 04；
G00 X200. Z200. ；
......

【例】试编写图 11 – 46 所示圆锥螺纹的加工程序。
......
G00 X80. Z62. ;
G92 X49. 6 Z12. I – 5. F2. ;
X48. 7；
X48. 1；

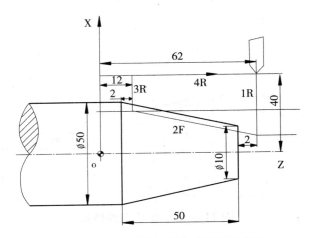

图 11 – 46　圆锥螺纹切削循环应用

X47.5;

X47.;

G00 X200. Z200.;

……

（3）复合螺纹切削循环指令。

复合螺纹切削循环指令可以完成一个螺纹段的全部加工任务。它的进刀方法有利于改善刀具的切削条件，在编程中应优先考虑应用该指令，如图 11 – 47 所示。

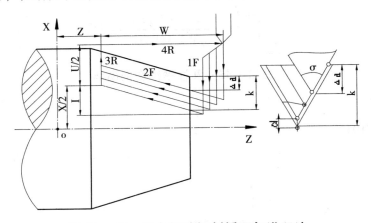

图 11 – 47　复合螺纹切削循环与进刀法

编程格式　G76 P（m）（r）（α）Q(Δdmin) R(d)

G76 X(U)Z(W)R(I)F(f)P(k)Q(Δd)

其中，m——精加工重复次数；

r——倒角量；

α——刀尖角；

Δdmin——最小切入量；

d——精加工余量；

X(U)Z(W)——终点坐标；

I——螺纹部分半径之差，即螺纹切削起始点与切削终点的半径差。加工圆柱螺纹时，$i=0$。加工圆锥螺纹时，当 X 向切削起始点坐标小于切削终点坐标时，I 为负，反之为正。

k——螺牙的高度（X 轴方向的半径值）；

Δd——第一次切入量（X 轴方向的半径值）；

f——螺纹导程。

【例】试编写图 11−48 所示圆柱螺纹的加工程序，螺距为 6mm。

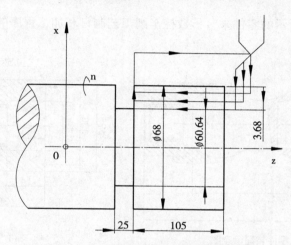

图 11−48　复合螺纹切削循环应用

G76 P 02 12 60 Q0.1 R0.1；

G76 X60.64 Z23 R0 F6 P3.68 Q1.8；

第 12 章

数控车削加工工艺综合举例

下面以图 12 – 1 所示的零件来分析数控车削工艺制订和加工程序的编制。

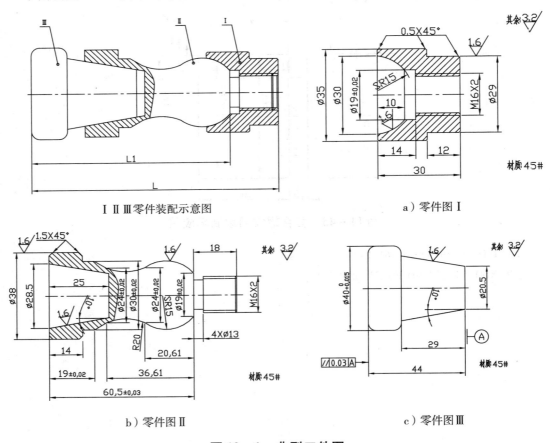

Ⅰ Ⅱ Ⅲ 零件装配示意图

a）零件图 Ⅰ

b）零件图 Ⅱ

c）零件图 Ⅲ

图 12 – 1　典型工件图

12.1　车削加工工艺分析

该类组件的加工顺序如下。

（1）以件 I 右端的外圆定位，车削 ϕ35mm 外圆和钻、镗、ϕ13.835（M16×2mm）螺丝底孔；车削 ϕ19mm 和 SR15mm 内圆与 M16×2mm 螺纹，外圆锐边倒角 0.5×45°。

（2）以件 I 已加工的 ϕ35mm 外圆表面定位，车削 ϕ29mm，外圆锐边倒角 0.5×45°。

（3）以件 II 左端的外圆定位，车 ϕ30mm 外圆、SR15mm、2-ϕ24mm、ϕ19mm、切 4×ϕ13mm 槽和 M16×2mm 螺丝；外圆锐边倒角 1.5×45° 与 0.5×45°。

（4）件 II 掉头装夹（右端），以 ϕ30mm 的外圆与 ϕ38mm 端面定位，装夹时在三爪自定心卡盘和工件的夹紧面之间垫铜皮，车削外圆柱 ϕ38mm 与以底为 ϕ28.5mm 的锥孔，外圆锐边倒角 1.5×45°。

（5）以件 III 左端的外圆定位，车 ϕ20.5mm 外圆锥、ϕ40 与圆角 R3.5。

（6）将件 III 与件 II 用 502 胶进行黏结（涂胶均匀，干后胶膜厚度≤0.02mm），用尾座顶尖顶紧，2~3min 后退出尾座顶尖。车端面，控制总尺寸，车外圆 ϕ40 表面和 R3.5。

12.2　确定工序和装夹方式

选择工件如图 12-1 中所示，I II III 零件装配示意图中零件如 a）零件图 I、b）零件图 II、c）零件图 III；毛坯尺寸分别为 ϕ45mm×32mm、ϕ40mm×82mm 和 ϕ45mm×46mm，材质为 45#。试分析各零件的加工工艺路线、编写加工程序。

12.3　工艺设计和选择工艺装备及手动编程

12.3.1　选择数控车刀

以选用 WALTER 的数控车刀为例：

（1）数控车刀刀杆选择

根据零件轮廓选择图示刀杆类型例，见图 12-2。

根据切削深度，数控车机床刀夹尺寸，从产品目录样本中选择数控车刀刀杆型号 PDJN R/L 2525 M11，见表例 12-1。

（2）工件材料 45 钢

（3）机床选择 FANUC Series oi Mate-T 控制系统的某型号机床。

图 12 - 2　数控车刀刀杆选择

表 12 - 1　　　　　　　　　　　　数控车刀刀杆型号

Tool	Designation		h-h₁ mm	b mm	dm mm	I mm	I₁ mm
NOVEX® TURN κ = 93°	PDJN R/L 1616 H11	11	16	16		20	100
	PDJN R/L 2020 K11	11	20	20		25	125
	PDJN R/L 2525 M11	11	25	25		32	150
	PDJN R/L 3225 P11	11	32	26		32	170
	PDJN R/L 2020 K15	15	20	20		25	125
	PDJN R/L 2525 M15	15	25	25		32	150
	PDJN R/L 3225 P15	15	32	32		32	170
	PDJN R/L 3232 P15	15	32	32		40	170
NOVEX® CAPTO κ = 93°	C4–PDJN R/L–27050–11	11			40	27	50
	C5–PDJN R/L–35060–11	11			50	35	60
	C6–PDJN R/L–45065–11	11			63	45	65
	C4–PDJN R/L–27050–15	15			40	27	50
	C5–PDJN R/L–35060–15	15			50	35	60
	C6–PDJN R/L–45065–15	15			63	45	65

12.3.2　数控车削加工步骤及装夹方式

序号	工序名称	操作重点与示意图
1	如图 12 – 3 工件Ⅰ车削外圆和钻、镗孔车削内孔和内球面、车削螺纹，外圆锐边倒角 0.5 ×45°	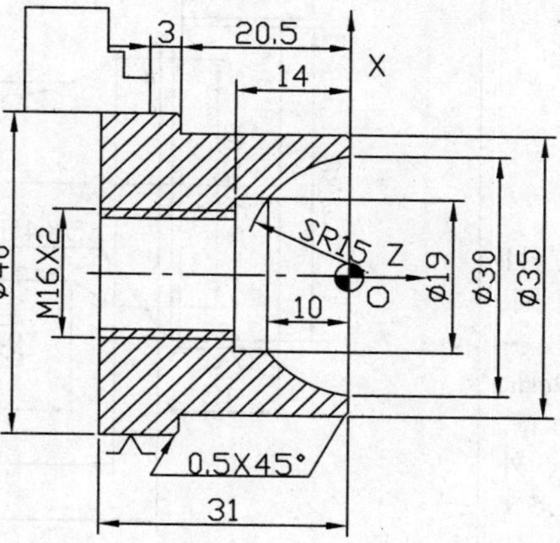 **图 12 – 3** 1) 三爪夹持毛坯一端，外露 25mm； 2) 车削端面（平端面），建立工件坐标系； 3) 粗车、精车外圆柱，锐边倒角 0.5 ×45°； 4) 钻削 M16×2 底孔至 φ12.5mm（通孔）； 5) 粗车、精车 SR15mm 球面与 φ19mm 孔； 6) 镗削 M16×2 底孔至 φ13.835； 7) 车螺纹 M16 ×2
2	如图 12 – 4 件Ⅰ掉头，车削 φ29mm，外圆锐边倒角 0.5 ×45°	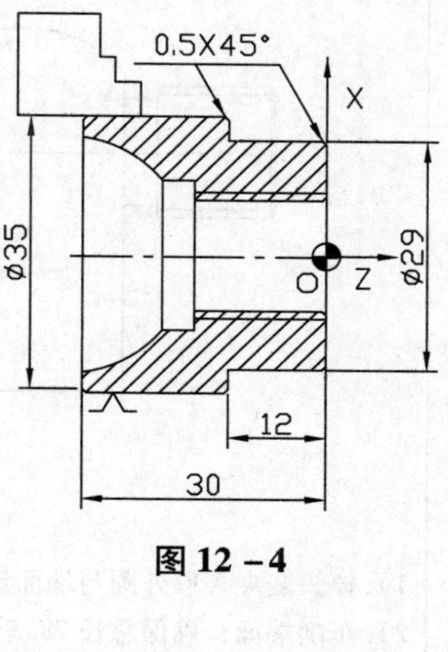 **图 12 – 4** 1) 掉头装夹，外露 21mm； 2) 车削端面，确保总长 30 ±0.20，建立工件坐标系； 3) 粗车、精车外圆柱，锐边倒角 0.5 ×45°

序号	工序名称	操作重点与示意图
3	如图 12 – 5 工件Ⅱ车 φ30mm 外圆、SR15mm、2 – φ24mm、φ19mm、切 4 × φ13mm 槽、M16 × 2mm)、外圆锐边倒角 1.5 × 45°、0.5 ×45°	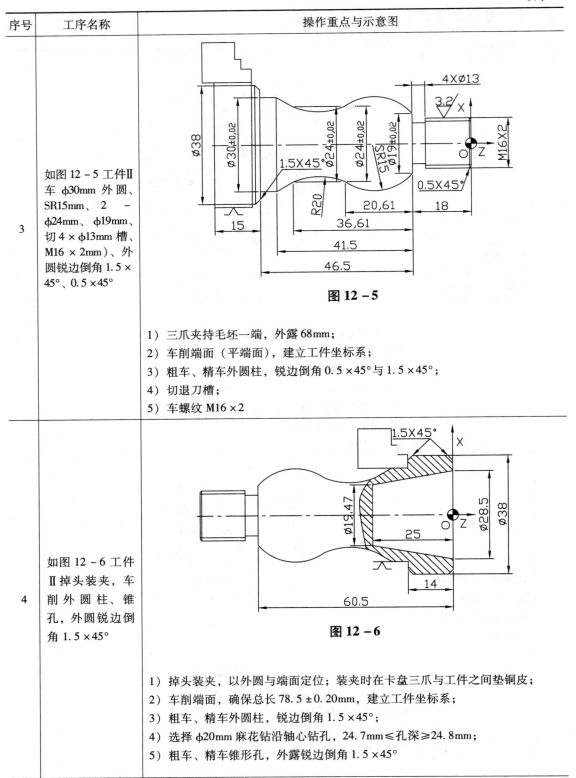 图 12 – 5 1）三爪夹持毛坯一端，外露 68mm； 2）车削端面（平端面），建立工件坐标系； 3）粗车、精车外圆柱，锐边倒角 0.5 ×45° 与 1.5 ×45°； 4）切退刀槽； 5）车螺纹 M16 ×2
4	如图 12 – 6 工件Ⅱ掉头装夹，车削外圆柱、锥孔，外圆锐边倒角 1.5 ×45°	图 12 – 6 1）掉头装夹，以外圆与端面定位；装夹时在卡盘三爪与工件之间垫铜皮； 2）车削端面，确保总长 78.5 ±0.20mm，建立工件坐标系； 3）粗车、精车外圆柱，锐边倒角 1.5 ×45°； 4）选择 φ20mm 麻花钻沿轴心钻孔，24.7mm ≤孔深 ≥24.8mm； 5）粗车、精车锥形孔，外露锐边倒角 1.5 ×45°

序号	工序名称	操作重点与示意图
5	如图 12-7 工件 Ⅲ 车外圆锥、圆角 R3.5	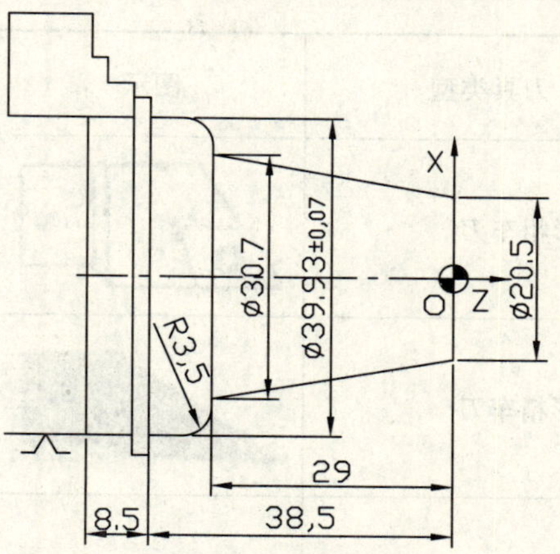 图 12-7 1) 三爪夹持毛坯一端，外露 41mm； 2) 车削端面（平端面），建立工件坐标系； 3) 粗车、精车圆锥面、外圆柱，倒圆角 R3.5
6	如图 12-8 将工件 Ⅲ 与件 Ⅱ 用 502 胶进行黏结（涂胶均匀，干后胶膜厚度 ≤ 0.02mm），用尾座顶尖顶紧，2~3min 后退出尾座顶尖。车端面，控制总尺寸，车外圆 φ40 表面和 R3.5	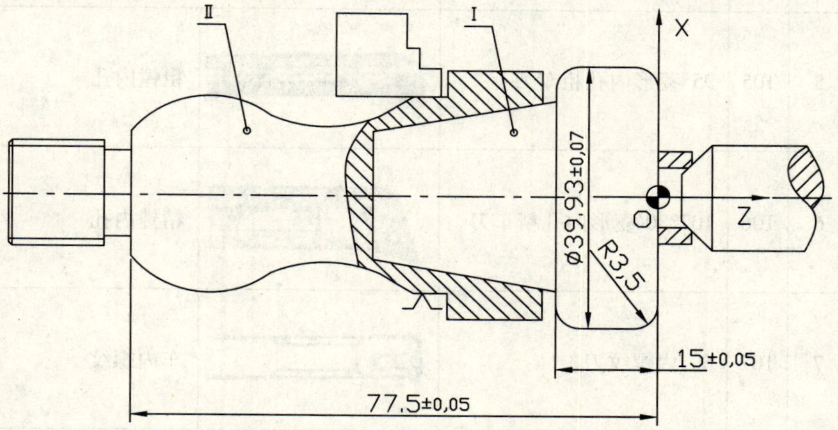 图 12-8 1) 将件 Ⅲ 与件 Ⅱ 用 502 胶进行黏结（涂胶均匀，干后胶膜厚度 ≤ 0.02mm），用尾座顶尖顶紧，2~3min 后退出尾座顶尖夹。 2) S500r/min，F0.08，背吃刀量 0.2mm 车端面，保证总长 77.5±0.05mm 后再在工件与尾座顶尖间垫套圈顶紧； 3) 粗车、精车 φ40mm 外圆柱，倒圆角 R3.5； 4) 车削完成后，用铜棒将件 Ⅲ 从件 Ⅱ 中轻敲出；黏胶用沸水洗净

12.3.3 数控车削各工序的刀具及运行参数

序号	刀具	刀具类型	图示	加工面	主轴转速（r/min）	进给速度（mm/r）
1	T01	90°菱形粗车刀		粗车外圆（弧）面	550（650）	0.20
2	T02	93°菱形精车刀	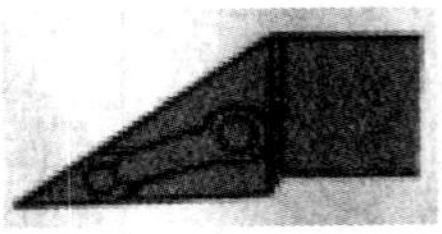	精车外圆（弧）面	1000	0.12
3	T03	φ12.5mm 麻花钻		钻孔	850	0.05
4	T04	φ20mm 麻花钻		钻孔	600	0.03
5	T05	95°菱形内孔粗车刀	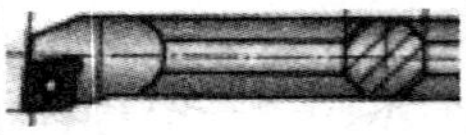	粗镗内孔	800	0.20
6	T06	107°30′菱形内孔精车刀	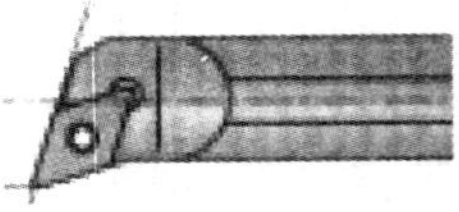	精镗内孔	850	0.12
7	T07	60°内螺纹刀	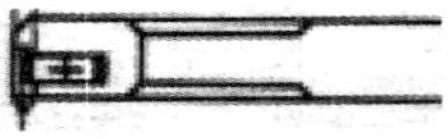	车内螺纹	55	2
8	T08	4mm 切槽刀	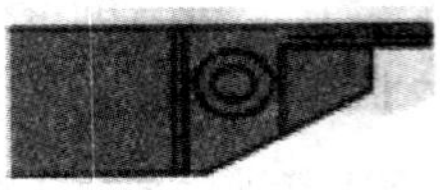	切退刀槽	650	0.015
9	T09	60°外螺纹刀		车外螺纹	65	2

12.3.4　编程时使用基点计算

序号	基点图示	基点	坐标	说明
1	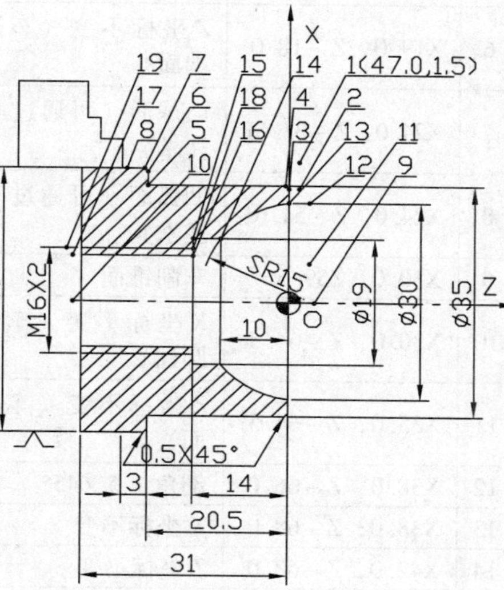 　图 12-9	1	X47.0，Z1.5	循环起点（大于毛坯直径）
		2	X34.0，Z1.5	Z 坐标不变
		3	X34.0，Z0.0	X 坐标不变
		4	X35.0，Z-0.5	倒角 0.5×45°
		5	X35.0，Z-20.5	X 坐标不变（车 φ35 外圆）
		6	X39.0，Z-20.5	Z 坐标不变（车 φ40 外圆端面）
		7	X40.0，Z-21.0	倒角 0.5×45°
		8	X40.0，Z-24.5	X 坐标不变（车 φ40 外圆）
		9	X0.0，Z5.0	循环起点（钻 φ12.5 孔）
		10	X0.0，Z-35.0	钻孔结束点
		11	X11.5，Z3.0	循环起点（小于钻孔直径）
		12	X30.0，Z3.0	Z 坐标不变
		13	X30.0，Z0.0	X 坐标不变
		14	X19.0，Z-10.0	车削内球面
		15	X19.0，Z-14.0	X 坐标不变
		16	X13.835，Z-14	Z 坐标不变
		17	X13.835，Z-32	X 坐标不变
		18	X16，0Z-5.0	车内螺纹起点
		19	X16，0Z-32.0	车内螺纹终点
2	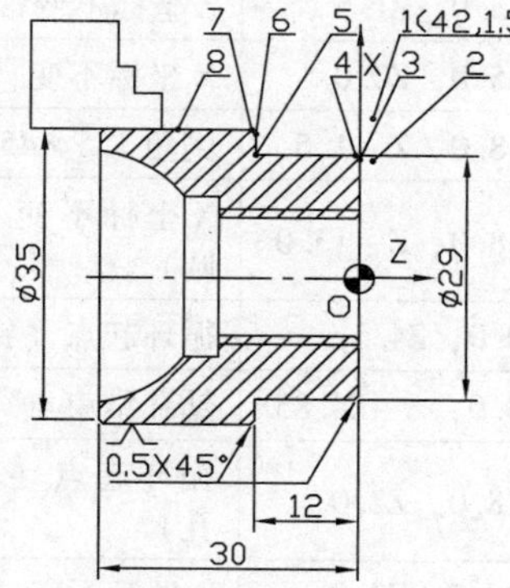 　图 12-10	1	X42.0，Z1.5	循环起点（大于毛坯直径）
		2	X28.0，Z1.5	Z 坐标不变
		3	X28.0，Z0.0	X 坐标不变
		4	X29.0，Z-0.5	倒角 0.5X45°
		5	X29.0，Z-12.0	X 坐标不变（车 φ29 外圆）
		6	X34.0，Z-12.0	Z 坐标不变（车 φ35 外圆端面）
		7	X35.0，Z-12.5	倒角 0.5×45°
		8	X35.0，Z-21.0	X 坐标不变（车 φ35 外圆）

序号	基点图示	基点	坐标	说明
3	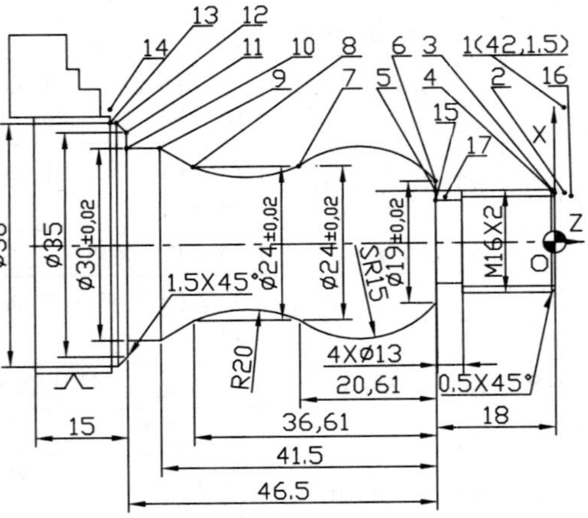 \n图 12－11	1	X42.0，Z1.5	循环起点（大于毛坯直径）
		2	X15.0，Z1.5	Z 坐标不变
		3	X15.0，Z0.0	X 坐标不变
		4	X16.0，Z－0.5	倒角 0.5×45°
		5	X16.0，Z－18.0	X 坐标不变（车 M16 外圆）
		6	X19.0，Z－18.0	Z 坐标不变（车退刀槽端面）
		7	X24.0，Z－38.61	凸球面（可通过 CAD 标注求）
		8	X24.0，Z－54.61	凹弧面（可通过 CAD 标注求）
		9	X30.0，Z59.5	车削锥面
		10	X30.0，Z－64.5	X 坐标不变（车 φ30 外圆柱）
		11	X35.0，Z－64.5	Z 坐标不变（车 φ38 端面）
		12	X38.0，Z－66.0	倒角 1.5×45°
		13	X38.0，Z－68.0	X 坐标不变
		14	X42.0，Z－68.0	Z 坐标不变
		15	X20.0，Z－18.0	割槽起点
		16	X18.0，Z5.0	循环起点（大于螺纹大径）
		17	X13.835，Z－15.	循环终点（螺纹小径）
4	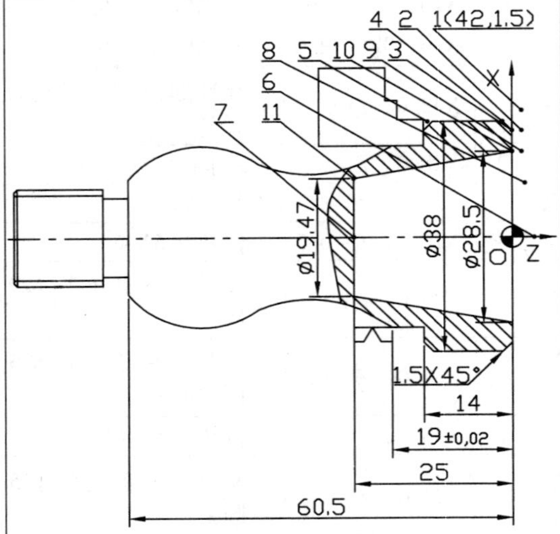 \n图 12－12	1	X42.0，Z1.5	循环起点（大于毛坯直径）
		2	X35.0，Z1.5	Z 坐标不变
		3	X35.0，Z0.0	X 坐标不变
		4	X38.0，Z－1.5	倒角 1.5×45°
		5	X38.0，Z－13.0	X 坐标不变（车 φ35 外圆）
		6	X0.0，Z4.5	循环起点（钻 φ12.5 孔）
		7	X0.0，Z－24.85	钻孔结束点
		8	X18.0，Z2.0	循环起点（车 φ28.5 锥孔）
		9	X28.5，Z2.0	Z 坐标不变
		10	X28.5，Z0.0	X 坐标不变
		11	X19.47，Z－25.0	锥孔顶径

续表

序号	基点图示	基点	坐标	说明
5	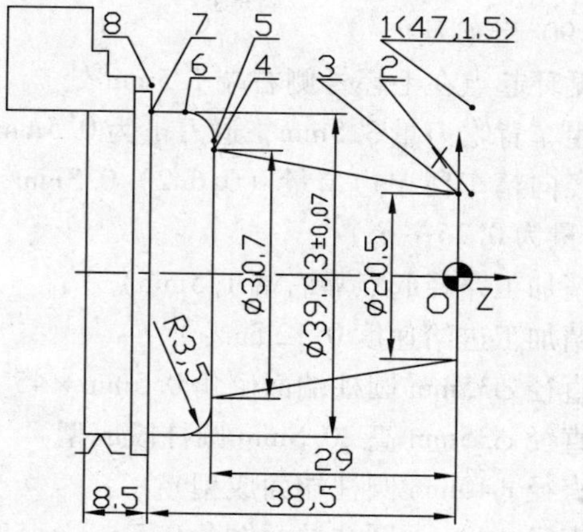 **图 12－13**	1	X47.0，Z1.5	循环起点（大于毛坯直径）
		2	X20.5，Z1.5	Z 坐标不变
		3	X20.5，Z0.0	X 坐标不变
		4	X30.7，Z－29.0	φ30.7 上方
		5	X32.93，Z－29.0	Z 坐标不变
		6	X39.93，Z－32.5	φ40 极限偏差整理成对称公差
		7	X39.93，Z－38.5	X 坐标不变
		8	X46.5，Z－38.5	Z 坐标不变
6	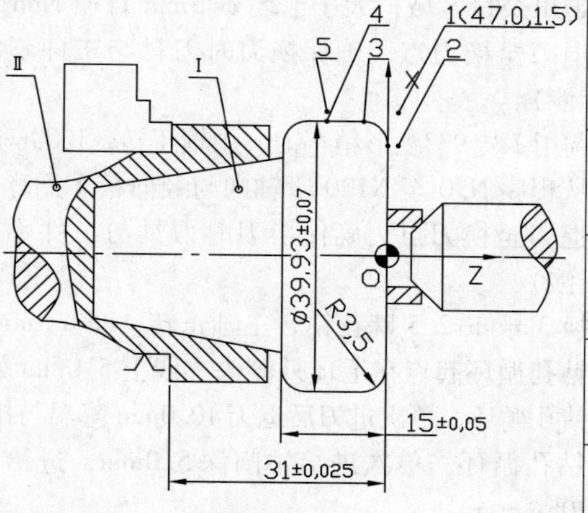 **图 12－14**	1	X47.0，Z1.5	循环起点（大于毛坯直径）
		2	X32.93，Z1.5	Z 坐标不变
		3	X32.93，Z0.0	X 坐标不变
		4	X39.93，Z－3.5	R3.5 圆弧上端
		5	X39.93，Z－13.5	X 坐标不变

12.3.5　手动编制加工控制程序

　　如图 12－1 组件中三零件加工基点图，如图 12－9 所示，件 I 数车一端基点图；如图 12－10 所示，件 I 掉头数车基点图；如图 12－11 所示，件 II 数车一端基点图；如图 12－12 所示，件 II 掉头数车基点图；如图 12－13 所示，件 III 数车一端基点图；如图 12－14 所示，件 III 掉头数车基点图。三零件的加工部分程序如下：

　　（1）工件 I 装夹后露出三爪卡 25mm；车削端面，建立工件坐标系时已加工操作完毕；粗车、精车外圆柱，锐边倒角 0.5×45°，钻削 M16×2 底孔至 φ12.5mm（通孔），粗车、精车 SR15mm 球面、φ19mm 孔、M16×2 底孔 φ13.835，粗精车螺纹 M16×2；零件的加工程序如下（见图 12 - 15）：

O6100；   （创建程序名）

N10 G54 M03 S550 T0101；   （建立工件坐标系，主轴正转，550r/min，调用 1 号 90°粗车刀）

N20 G00 X47.0 Z1.5M08；   （循环起点在毛坯外侧右端 1.5mm 处）

N30 G71 U3.5 R0.5；   （粗车背吃刀量 3.5mm，退刀量为 0.5mm）

N40 G71 P50 Q120 U0.6 R0.25 F0.2； （径向精车留单边余量（0.6/2）0.3mm，轴向留余量为 0.25……）

N50 G00 X34.0；   （精加工路径起点靠右端 1.5mm）

N60 G01 Z0 F0.12；   （精加工进给速度 0.12mm/r）

N70 X35.0 Z - 0.5；   （直径 φ35mm 圆柱端面倒角 0.5mm×45°）

N80 Z - 20.5；   （直径 φ35mm 高 20.5mm 圆柱段成型）

N90 ×39.0；   （直径 φ40mm 圆柱端面成型）

N100 ×40.0 Z - 21.0；   （直径 φ40mm 圆柱端面倒角 0.5mm×45°）

N110 Z - 24.5；   （直径 φ40mm 高 3.5mm 圆柱段成型）

N120 ×46.0；   （走出余量区域，大于毛坯 φ45mm 直径 1mm）

N130 G00 ×100.0 Z100.0 T0100；   （退刀至换刀点，确保换刀时刀具与工件不发生干涉）

N140 T0202 S1000；   （调用 2 号 93°菱形精车刀，主轴正转，1000r/min）

N150 G70 P50 Q120；   （从程序 N50 至 N120 段轴向与径向精车循环）

N160 G00 ×100.0 Z100.0 T0200；   （退刀至换刀点，确保换刀时刀具与工件不发生干涉）

N170 T0303 S850；   （换 3 号 φ12.5 麻花钻，主轴正转，850r/min）

N180 G00 ×0Z5；   （钻孔循环起点在毛坯外侧中心线上 5.0mm 处）

N190 G74 R10.0；   （钻孔循环，单次进刀后退刀 10.0mm 降温与排屑）

N200 G74 Z - 35.0 P5000 F0.05；   （钻孔循环，单次进给钻削深 5.0mm，进给速度 0.05mm/r）

N210 G00 ×100.0 Z100.0 M09 T0300 （退刀至换刀点，确保换刀时刀具与工件不发生干涉）

N220 T0505 S800；   （调用 5 号 95°菱形内孔粗车刀，主轴正转，800r/min）

N230 G00 ×11.5 Z3.0；   （循环起点在毛坯外侧右端 1.5mm 处，径向小于钻孔直径……）

N240 G71 U2.5 R0.5；   （粗车背吃刀量 2.5mm，退刀量为 0.5mm）

N250G71P260Q290U - 0.6W0.15F0.2；（径向精车留单边余量（0.6/2）0.3mm，轴向留余量 0.25mm……）

N260 G00 ×30.0；   （精加工起点）

N270 G01 Z0.0 F0.12；   （精加工进给速度 0.12mm/r）

N280 G03 ×19.0 Z - 10.0 R15.0；   （逆时针车削 R15 内球面）

N290 G01 Z – 14.0；　　　　　　　　（直径 φ19mm 高 4.0mm 圆柱内孔段成型）

N300 × 13.835；　　　　　　　　　　（M16 底孔端成型）

N310 Z – 32.0；　　　　　　　　　　（M16 底孔成型）

N320 × 12.0；　　　　　　　　　　　（建立安全退刀位）

N330 G00 Z100.0T0500；　　　　　　（Z 轴退至换刀点，确保换刀时刀具与工件不发生干涉）

N340 × 100.0；　　　　　　　　　　（X 轴之换刀点，确保换刀时刀具与工件不发生干涉）

N350 T0606 S850；　　　　　　　　（调用 107°30′菱形内孔精车刀，主轴正转，850r/min）

N360 G70 P260 Q310；　　　　　　（从程序 N70 至 N260 段轴向与径向精车循环）

N370 G00 Z100.0 T0600；　　　　　（Z 轴退至换刀点，确保换刀时刀具与工件不发生干涉）

N380 × 100.0；　　　　　　　　　　（X 轴之换刀点，确保换刀时刀具与工件不发生干涉）

N390 T0707 S55；　　　　　　　　（调用 60°内螺纹车刀，主轴正转，55r/min）

N400 G00 × 13.835 Z – 10.0；　　　（准备内螺纹车削）

N410 Z – 35.0；　　　　　　　　　（进入内螺纹车削起点）

N420 G76 P020060 Q150 R – 0.02；　（精车重复 2 次刀尖角 60°最小车深 0.15 精车余量 0.02mm）

N430 G76 × 16 Z – 10.0 P10825 Q150F2.0；　（螺纹车削终点，螺纹高 1.0825mm，第一刀切深 0.15mm）

N440 G00 Z100.0 T0700 M09；　　　（Z 轴退至换刀点，冷却液关）

N450 × 100.0；　　　　　　　　　　（X 轴之换刀点）

N460 M05；　　　　　　　　　　　　（主轴停止）

N470 M30　　　　　　　　　　　　　（程序结束）

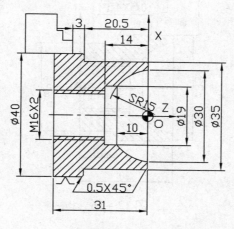

图 12 – 15

（2）工件I掉头装夹后露出三爪卡 21mm；车削端面，对总长 30±0.05，在建立工件坐标系时已加工完毕；粗车、精车外圆柱，锐边倒角 0.5×45°零件的加工程序如下（见图 12-16）：

O6200；	（创建程序名）
N10 G54 M03 S550 T0101；	（建立工件坐标系，主轴正转，550r/min，调用 1 号 90°粗车刀）
N20 G00 ×42.0 Z1.5 M08；	（循环起点在毛坯外侧右端 1.5mm 处，冷却液开）
N30 G71 U3.5 R0.5；	（粗车背吃刀量 3.5mm，退刀量为 0.5mm）
N40 G71 P50 Q110 U0.6 W0.25 F0.2；	（径向精车留单边余量（0.6/2）0.3mm，轴向留余量为 0.25……）
N50 G00 ×28.0；	（精加工路径起点靠右端 1.5mm）
N60 G01 Z0.0 F0.12；	（精加工进给速度 0.12mm/r）
N70 ×29.0 Z-0.5；	（直径 φ29mm 圆柱端面倒角 0.5mm×45°）
N80 Z-12.0；	（直径 φ29mm 高 12mm 圆柱段成型）
N90 ×34.0；	（直径 φ35mm 圆柱端面成型）
N100 ×35.0 Z-12.5；	（直径 φ35mm 圆柱端面倒角 0.5mm×45°）
N110 Z-20.5；	（直径 φ35mm 高 8.0mm 圆柱段成型）
N120 G00 ×100.0 Z100.0 T0100；	（退刀至换刀点，确保换刀时刀具与工件不发生干涉）
N130 T0202 S1000；	（调用 2 号 93°菱形精车刀，主轴正转，1000r/min）
N140 G70 P50 Q110；	（从程序 N50 至 N110 段轴向与径向精车循环）
N150 G00 ×100.0 Z100.0 M09；	（退刀至换刀点，冷却液关）
N160 M05；	（主轴停止）
N170 M30；	（程序结束）

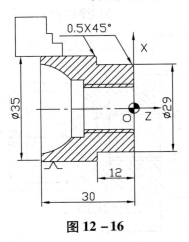

图 12-16

（3）工件II装夹后露出三爪卡 68mm；车削端面，建立工件坐标系时已加工完毕；粗车、精车外圆柱，锐边倒角 0.5×45°与 1.5×45°；切退刀槽；车螺纹 M16×2，零件的加工程序如下（见图 12 - 17）：

O6300；　　　　　　　　　　　　　（创建程序名）

N10 G54 T0101 M03 S550；　　　　　（建立工件坐标系，调用 1 号 90°粗车刀，主轴
　　　　　　　　　　　　　　　　　正转，550r/min）

N20 G00 ×42.0 Z1.5 M08；　　　　　（循环起点在毛坯外侧右端 1.5mm 处，冷却液
　　　　　　　　　　　　　　　　　开）

N30 G71 U3.5 R0.5；　　　　　　　　（粗车背吃刀量 3.5mm，退刀量为 0.5mm）

N40 G71 P50 Q160 U - 0.5 W0.25 F0.2；（径向精车留单边余量（0.5/2）0.25mm，轴向
　　　　　　　　　　　　　　　　　留余量为 0.25……）

N50 G00 ×15.0；　　　　　　　　　　（精加工路径起点靠右端 1.5mm）

N60 G01 Z0 F0.12；　　　　　　　　　（精加工进给速度 0.12mm/r）

N70 ×16.0 Z - 0.5；　　　　　　　　（直径 φ16mm 圆柱端面倒角 0.5mm×45°）

N80 Z - 18.0；　　　　　　　　　　　（直径 φ16mm 高 18mm 圆柱段成型）

N90 ×19.0；　　　　　　　　　　　　（SR30mm 球端面成型）

N100 G03 ×24.0 Z - 38.61 R15.0；　（SR30mm 球体成型）

N110 G02 ×24.0 Z - 54.61 R20.0；　（SR30mm 顺时针成型曲面）

N120 G01 ×30 Z - 59.5；　　　　　　（底直径为 φ30mm 高 4.89mm 圆锥段成型）

N130 Z - 64.5；　　　　　　　　　　（直径 φ30mm 高 5mm 圆柱段成型）

N140 ×35.0；　　　　　　　　　　　（φ38mm 圆柱段端面成型）

N150 ×38.0 Z - 66.0；　　　　　　　（直径 φ38mm 圆柱端面倒角 1.5mm×45°）

N160 Z - 68.0；　　　　　　　　　　（φ38mm 高 2mm 圆柱段成型）

N165 ×42.0；　　　　　　　　　　　（X 正方向走出毛坯最大直径）

N170 G00 ×100.0 Z100.0 T0100；　　（退刀至换刀点，确保换刀时刀具与工件不发
　　　　　　　　　　　　　　　　　生干涉）

N180 T0202 S1000；　　　　　　　　（调用 2 号 93°菱形精车刀，主轴正转，1000r/min）

N190 G70 P50 Q150；　　　　　　　　（从程序 N50 至 N150 段轴向与径向精车循环）

N200 G00 ×100.0 Z100.0 T0200；　　（退刀至换刀点，确保换刀时刀具与工件不发
　　　　　　　　　　　　　　　　　生干涉）

N210 T0808 S650；　　　　　　　　　（调用 4mm 切槽车刀，主轴正转，650r/min）

N220 G00 ×20.0 Z - 18.0；　　　　　（快速进入切槽起点）

N230 G01 ×13.0 F0.015；　　　　　　（切槽进给速度 0.015mm/r）

N240 G04 ×2；　　　　　　　　　　　（槽底暂停 2S）

N250 ×20.0；　　　　　　　　　　　（退出切槽）

N260 G00 ×100.0 Z100.0 T0800；　　（退刀至换刀点，确保换刀时刀具与工件不发
　　　　　　　　　　　　　　　　　生干涉）

N270 T0909 S65；　　　　　　　　　（调用 60°外螺纹车刀，主轴正转，65r/min）

N280 G00 ×20.0 Z5.0；　　　　　　　（螺纹车削循环起点）

N290 G76 P020060 Q200R0.02；　　　（精车螺纹重复 2 次刀尖角 60°最小车深 0.15
　　　　　　　　　　　　　　　　　精车余量……）

N300 G76 ×13.835 Z - 15.0 P1082.5 （螺纹终点绝对坐标，螺纹车削终点，螺纹高
Q450 F2.0；   1.0825……）
N310 G00 ×100.0 Z100.0 T0900 M09； （退刀至换刀点，冷却液关）
N320 M05；   （主轴停止）
N330 M30；   （程序结束）

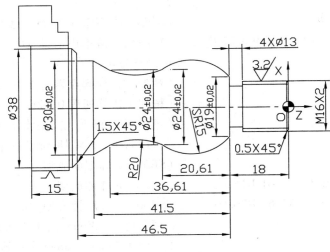

图 12 - 17

（4）工件Ⅱ掉头装夹后露出三爪卡外14mm；车削端面，对长 60.5 ± 0.05，在建立工件坐标系时已加工完毕；粗车、精车外圆柱，锐边倒角 0.5 × 45°；钻削 M16 × 2 底孔至 φ12.5mm（通孔）；粗车、精车 SR15mm 球面与 φ19mm 孔；车削 M16 × 2 底孔至 φ13.835；车螺纹 M16 × 2 零件的加工程序如下（见图 12 - 18）：

O6400；   （创建程序名）
N10 G54 M03 S550 T0101；   （建立工件坐标系，调用 1 号 90°粗车刀，主轴
              正转，550r/min）
N20 G00 ×42.0 Z1.5 M08；   （循环起点在毛坯外侧右端 1.5mm 处，冷却液开）
N30 G71 U1.5 R0.15；   （粗车背吃刀量 3.5mm，退刀量为 0.5mm）
N40 G71 P50 Q90 U0.25 W0.15 F0.20； （径向精车留单边余量（0.5/2）0.25mm，轴向
              留余量为 0.25……）
N50 G00 ×35 S1000；   （精加工路径起点靠右端 1.5mm）
N60 G01 Z0 F0.12；   （精加工进给速度 0.12mm/r）
N70 ×38.0 Z - 1.5；   （直径 φ38mm 圆柱端面倒角 1.5mm ×45°）
N80 Z - 13.0；   （直径 φ38mm 高 14mm 圆柱段成型）
N90 ×40.0；   （X 正方向走出毛坯最大直径）
N100 G00 ×100 Z100 T0100； （退刀至换刀点，确保换刀时刀具与工件不发
              生干涉）
N110 T0404 S600；   （调用 2 号 φ20mm 麻花钻，主轴正转，600r/min）
N120 G00 ×0Z4.5；   （钻孔循环起点在毛坯外侧中心线上 5.0mm 处）

N130 G74 R3.5；　　　　　　　　　（钻孔循环，单次进刀后退刀 10.0mm 降温与排屑）

N140 G74 Z – 24.85 Q5.0 F0.03；　　（钻孔循环，单次进给钻削深 5.0mm，进给速度 0.05mm/r）

N150 G00 Z100.0 T0400；　　　　　　（Z 轴退刀至换刀点，确保换刀时刀具与工件不发生干涉）

N160 ×100.0；　　　　　　　　　　　（X 轴退刀至换刀点，确保换刀时刀具与工件不发生干涉）

N170 T0505 S800；　　　　　　　　　（调用 2 号 φ20mm 麻花钻，主轴正转，800r/min）

N180 G00 ×18.0 Z2.0；　　　　　　　（循环起点在毛坯外侧右端 2.0mm 处）

N190 G71 U2.5 R0.25；　　　　　　　（粗车背吃刀量 2.5mm，退刀量为 0.5mm）

N200 G71 P210 Q240 U – 0.5 W0.2 F0.2；（径向精车留单边余量（0.5/2）0.25mm，轴向留余量为 0.2……）

N210 G00 ×28.5；　　　　　　　　　（精加工路径起点靠右端 1.5mm）

N220 G01 Z0.0 F0.12；　　　　　　　（精加工进给速度 0.12mm/r）

N230 ×19.47 Z – 25.0；　　　　　　　（一底直径为 φ28.5mm 内圆锥面成型）

N240 × – 0.5；　　　　　　　　　　　（一底直径为 φ28.5mm 内圆锥顶面成型）

N250 G00 Z100.0；　　　　　　　　　（Z 轴退至换刀点，确保换刀时刀具与工件不发生干涉）

N260 ×100.0；　　　　　　　　　　　（X 轴退至换刀点，确保换刀时刀具与工件不发生干涉）

N270 T0606 S850；　　　　　　　　　（调用 107°30′ 菱形内孔精车刀，主轴正转，850r/min）

N280 G70 P260 Q310；　　　　　　　（从程序 N260 至 N310 段轴向与径向精车循环）

N290 G00 Z100.0 T0600；　　　　　　（Z 轴退至换刀点）

N300 ×100.0 M09；　　　　　　　　　（X 轴至换刀点，冷却液关）

N310 M05；　　　　　　　　　　　　　（主轴停止）

N320 M30；　　　　　　　　　　　　　（程序结束）

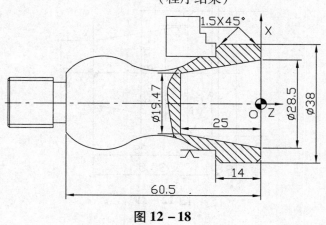

图 12 – 18

（5）工件Ⅲ装夹后露出三爪卡 41mm；车削端面，建立工件坐标系时已加工完毕；粗车、精车圆锥面、外圆柱，倒圆角 R3.5；零件的加工程序如下（见图 12 – 19）：

O6500；	（创建程序名）
N10 G54 M03 S550 T0101；	（建立工件坐标系，调用 1 号 90°粗车刀，主轴正转，550r/min）
N20 G00 ×47.0 Z1.5M08；	（循环起点在毛坯外侧右端 1.5mm 处，冷却液开）
N30G71U1.5R0.25；	（粗车背吃刀量 3.5mm，退刀量为 0.5mm）
N40 G71 P50 Q110 U0.5 W0.25 F0.2；	（径向精车留单边余量（0.5/2）0.25mm，轴向留余量为 0.25……）
N50 G00 ×20.5；	（精加工路径起点靠右端 1.5mm）
N60 G01 Z0 F0.12；	（精加工进给速度 0.12mm/r）
N70 ×30.7 Z – 29.0；	（一底为 φ20.5mm 圆锥段成型）
N80 ×32.93；	（φ40mm 圆柱段端面成型）
N90 G03 ×39.93 Z – 32.5 R3.5；	（极限偏差 φ40mm 调整成对称偏圆柱端面倒圆角 3.5mm×45°）
N100 G01 Z – 38.5；	（极限偏差 φ40mm 调整成对称偏圆柱面成型）
N110 ×47；	（X 正方向走出毛坯最大直径）
N120 G00 ×100.0 Z100.0 T0100；	（退刀至换刀点，确保换刀时刀具与工件不发生干涉）
N130 TO202 S1000；	（调用 2 号 93°菱形精车刀，主轴正转，1000r/min）
N140 G70 P50 Q110；	（从程序 N50 至 N110 段轴向与径向精车循环）
N150 G00 ×100.0 Z100.0 T0200M09；	（退刀至换刀点，冷却液关）
N160 M05；	（主轴停止）
N170 M30；	（程序结束）

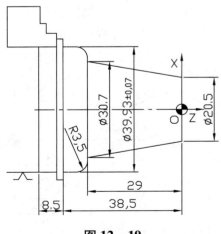

图 12 – 19

（6）将件Ⅲ与件Ⅱ用502胶进行黏结（涂胶均匀，干后胶膜厚度≤0.02mm），用尾座顶尖顶紧，2～3min后退出尾座顶尖夹，S500r/min，F0.08，背吃刀量0.2mm车端面，保证总长77.5±0.05mm后再在工件与尾座顶尖间垫套圈顶紧，在建立工件坐标系时已加工完毕；粗车、精车φ40mm外圆柱，倒圆角R3.5；车削完成后，用铜棒将件Ⅲ从件Ⅱ中轻敲出；黏胶用沸水洗净零件，加工程序如下（见图12-20）：

O6600；	（创建程序名）
N10 G54 M03 S550 T0101；	（建立工件坐标系，调用1号90°粗车刀，主轴正转，550r/min）
N20 G00 ×47.0 Z1.5M08；	（循环起点在毛坯外侧右端1.5mm处，冷却液开）
N30 G71 U1.5 R0.25；	（粗车背吃刀量3.5mm，退刀量为0.5mm）
N40 G71 P50 Q90 U0.3 W0.15 F0.2；	（径向精车留单边余量（0.5/2）0.25mm，轴向留余量为0.25……）
N50 G00 ×32.93 S1250；	（精加工路径起点靠右端1.5mm）
N60 G01 Z0 F0.12；	（精加工进给速度0.12mm/r）
N70 G03 ×39.93 Z-3.5 R3.5；	（φ40mm圆柱端面倒圆角3.5mm×45°）
N80 G01 Z-13.5；	（极限偏差φ40mm调整成对称偏圆柱面成型）
N90 ×42.5；	（X正方向走出毛坯最大直径）
N100 G00 ×100 Z100 T0100；	（退刀至换刀点，确保换刀时刀具与工件不发生干涉）
N110 T0202 S1000；	（调用2号93°菱形精车刀，主轴正转，1000r/min）
N120 G70 P50 Q90；	（从程序N50至N90段轴向与径向精车循环）
N130 G00 ×100.0 Z100.0 T0200 M09；	（退刀至换刀点，冷却液关）
N140 M05；	（主轴停止，冷却液关）
N150 M30；	（程序结束）

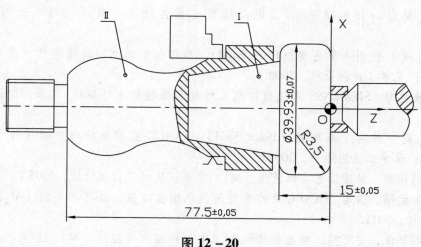

图 12-20

参 考 文 献

［1］周维泉．数控车/铣宏程序的开发与应用［M］．北京：机械工业出版社，2012．

［2］余英良．数控工艺与编程技术［M］．北京：化学工业出版社，2007．

［3］沈春根，徐晓翔，刘义．数控车宏程序编程实例精讲［M］．北京：机械工业出版社，2011．

［4］周晓宏，成亚萍．数控车床操作技能考核培训教程［M］．深圳：中国劳动社会保障出版社，2004．

［5］中国就业培训技术指导中心组织．加工中心操作工［M］．深圳：中国劳动社会保障出版社，2008．

［6］零点工作室，范文利，姜洪奎，张蔚波等．CAXAA 制造工程师 2008 行业应用实践［M］．北京：机械工业出版社，2010．

［7］吕斌杰，孙智俊，赵汶．数控加工中心编程实例精粹［M］．北京：化学工业出版社，2009．

［8］杜军．轻松掌握 FANUC 宏程序——编程技巧与实例精解［M］．北京：化学二业出版社，2010．

［9］张亚力．数控铣床/加工中心编程与零件加工［M］．北京：化学工业出版社，2011．

［10］［美］彼得·斯密德（Peter Smid）．数控编程技术—高效编程方法和应用指南［M］．北京：化学工业出版社，2008．

［11］崔兆华．SIEMENSS 系统数控机床的编程数控技术［M］．北京：中国电力出版社，2008．

［12］［美］彼得·斯密德（Peter Smid）．FANUC 数控系统用户宏程序与编程技巧［M］．北京：化学工业出版社，2007．

［13］刘镇昌．制造工艺实训教程［M］．北京：机械工业出版社，2005．

［14］张运强，穆瑞．FANUC 数控系统宏程序编程方法、技巧与实例［M］．北京：机械工业出版社，2011．

［15］刘蔡保，安玉明．数控铣床（加工中心）编程与操作［M］．北京：化学工业出版社，2011．

［16］周宏甫．数控技术［M］．广州：华南理工大学出版社，2005．

［17］中国机械工程学会设备与维修工程分会．数控机床故障检测与维修问答［M］．

北京：机械工业出版社，2006.

[18] 林宋，田建君. 现代数控机床 [M]. 北京：化学工业出版社，2004.

[19] 王爱玲. 现代数控原理及控制系统 [M]. 北京：国防工业出版社，2003.

[20] 徐科军. 传感器与检测技术 [M]. 北京：电子工业出版社，2006.

[21] 陈鹰，杨灿军. 人机智能系统理论与方法 [M]. 杭州：浙江大学出版社，2006.

[22] 杨志勤. 数控车床编程从入门到精通. 北京：科学出版社，2012.

[23] 成都英格数控刀具模具有限公司. 工具系统样本. 2004－2005.

[24] SANDVIK（山特维克）可乐满刀具主样本. 2009.

[25] 赵如福. 金属机械加工工艺人员手册. 上海：上海科学技术出版社，1991.

[26] 许祖德，薛恒明. 金属切削刀具与磨具标准应用手册. 北京：机械工业出版社，1996.